我们爱科学精品书系

奇幻雨林

雨林惊梦

YULIN JINGMENG

叶军／著

中国少年儿童新闻出版总社
中国少年兒童出版社
北　京

图书在版编目（CIP）数据

雨林惊梦 / 叶军著 . -- 北京 : 中国少年儿童出版社 , 2018.6

（《我们爱科学》精品书系 · 奇幻雨林）

ISBN 978-7-5148-4730-7

Ⅰ . ①雨… Ⅱ . ①叶… Ⅲ . ①热带雨林 – 少儿读物 Ⅳ . ① P941.1-49

中国版本图书馆 CIP 数据核字（2018）第 100714 号

YULIN JINGMENG

（《我们爱科学》精品书系 · 奇幻雨林）

出版发行：中国少年儿童新闻出版总社 中国少年兒童出版社

出 版 人：李学谦

执行出版人：赵恒峰

策划、主编：毛红强

著：叶 军

责任编辑：吕卫丽

封面设计：缪 惟

插 图：图德艺术

版式设计：黄 超

责任印务：厉 静

社 址：北京市朝阳区建国门外大街丙 12 号

邮政编码：100022

总 编 室：010-57526070

传 真：010-57526075

编 辑 部：010-57350016/57350164

发 行 部：010-57526608

网 址：www. ccppg. cn

电子邮箱：zbs@ccppg. com. cn

印刷：北京盛通印刷股份有限公司

开本：720mm × 1000mm 1/16

印张：9

2018 年 6 月第 1 版

2018 年 6 月北京第 1 次印刷

字数：200 千字

印数：30000 册

ISBN 978-7-5148-4730-7

定价：30.00 元

图书若有印装问题，请随时向印务部（010-57526718）退换。

作者的话

小朋友，你的梦想是什么？我小时候的梦想是成为一名动物学家，到雨林里观察动物。可惜，这个梦想到现在都没有实现。

我小时候还很喜欢看少儿科普读物，长大了依然喜欢。结果现在你猜怎么着？嘿嘿，我成了一名少儿科普作者。对我来说，创作出好玩、有趣、吸引小朋友的科普作品，是一件十分开心的事。如果小朋友们能通过这套“奇幻雨林”丛书，了解到一些雨林的知识，从而喜欢上雨林，为保护雨林做些力所能及的事，那我就更加开心了。

非常感谢《我们爱科学》编辑部给我这次创作机会，编辑们给了我极大的信任和创作空间，使我完成了整套书的创作。创作的过程虽然紧张、辛苦，却也有乐趣。为了创作这套书，我搜集和翻阅了大量有关雨林的书籍和资料。在创作的那段日子里，我几乎整天沉浸在雨林的世界里，一会儿和动物对话，一会儿又化身为雨林里的某种植物，那种感觉真的很奇妙！

小朋友们也许不知道，雨林与我们人类的生活和生存密不可分，雨林能产生大量氧气，净化地球空气。雨林被称为“世界最大的药厂”，因为大量天然药物或药物的原材料都可以在那里找到。雨林虽然只覆盖着地球6%的土地，却容纳了地球一半以上的动物和植物品种。

翻开“奇幻雨林”丛书，你将会看到雨林里发生的各种奇妙事情：绿天棚城区的阳光浴场里为什么会出现“恐龙”？什么动植物喜欢上夜班？雨林里的聪明植物为了生存，都有哪些妙招？雨林里都有哪些本领高强的酷虫？雨季雨林中的枯叶妖怪是怎么回事？我们吃的巧克力和住在雨林里的可可树有什么关系？……

现在，你已经迫不及待地想去寻找这些答案了吧？那就赶快往下翻，和小豆丁一起倾听雨林的故事吧！

你的大朋友：叶军
2018年5月

目录

雨林惊梦

一本会讲故事的书

小豆丁在爸爸的书房里发现了一本神奇的书，打开之后，书中那高高的大树、漂亮的兰花、荡秋千的卷尾猴、吃花蜜的小蜂鸟、翠绿色的小树蛙，还有泛着七彩光的小甲壳虫什么的，一下子从纸上跃了出来，好像活了一样。

小豆丁太喜欢这本书了，晚上，他跑进书房，从书架上把这本书拿了下来。

小豆丁翻开书本，大树、兰花、卷尾猴、小蜂鸟等都从纸上跃了出来。小豆丁用手摸了摸兰花，兰花竟然散发出一股幽幽的香味；摸了摸小树蛙的头，翠绿色的小树蛙竟然睁开了红色的眼睛；去拽卷尾猴的耳朵，卷尾猴竟然咧了咧嘴巴。小豆丁又去摸那棵大树——“哈哈哈，别摸了，好痒啊！”

小豆丁吓了一跳，连忙把手缩了回来。这是谁在说话？屋子里除了自己没有别人啊！是不是因为自己困了出现了幻觉？小豆

丁把书放到桌子上，打了个哈欠，眼皮越来越沉，不一会儿就趴在桌子上睡着了。

忽然，一个声音把他惊醒了。

“真是的，把人家弄醒了，自己却睡着了。别睡了，快起来陪我说说话，我给你讲故事。”

小豆丁睁开眼睛，惊得下巴快要掉下来了——那本书居然自己从桌子上竖起来，正是它在说话！

“你，你……你会说话？”

“当然！要不我怎么叫‘会讲故事的书’呢！”那本书回答道。

“你是会讲故事的书？天哪，真是太好了！我最喜欢听故事啦！你会讲什么故事？”小豆丁一下子来了精神。

“我在热带雨林住了100多年，当然会讲雨林里的故事啦。”

“你是书，怎么会住在热带雨林里呢？”小豆丁很纳闷儿。

“我现在是书，但以前我可是热带雨林里的一分子啊！”那本书解释道。

“那你快说说热带雨林是什么样子的。”

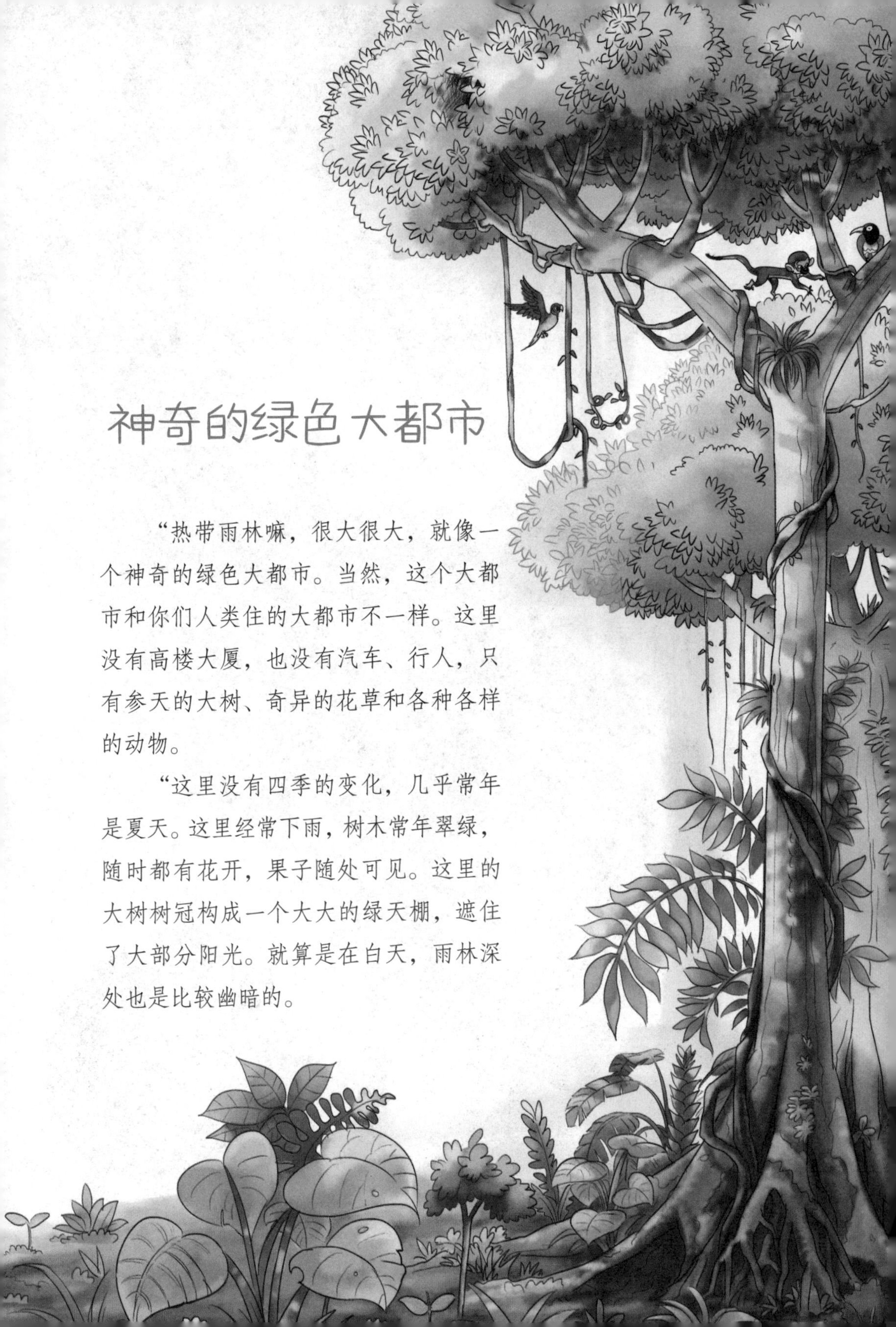

神奇的绿色大都市

“热带雨林嘛，很大很大，就像一个神奇的绿色大都市。当然，这个大都市和你们人类住的大都市不一样。这里没有高楼大厦，也没有汽车、行人，只有参天的大树、奇异的花草和各种各样的动物。

“这里没有四季的变化，几乎常年是夏天。这里经常下雨，树木常年翠绿，随时都有花开，果子随处可见。这里的大树树冠构成一个大大的绿天棚，遮住了大部分阳光。就算是在白天，雨林深处也是比较幽暗的。

“这里分为四个城区：最上面是明亮的绿蘑菇城区，接下来是热闹的绿天棚城区，再下来是光影斑驳却有些空旷的林下城区，最下面是幽暗的地面城区。”

“绿蘑菇城区？绿天棚城区？”小豆丁觉得很新奇。

“对呀！雨林就是这样分的。而且，每个城区都有自己的特点和风景。比如，最上面的绿蘑菇城区十分干燥，下面的城区却十分闷热潮湿；绿天棚城区拥挤得不得了，而林下城区就显得比较空旷。另外，各个城区之间还有一些由藤蔓构成的立体高速公路，方便动物居民们出行。”

“藤蔓构成的立体高速公路？真好玩！”

“还有更好玩的呢！那里的植物居民会举办阳光运动会，而且个个会功夫，许多植物还喜欢把家建在空中花园里……”会讲故事的书滔滔不绝地说着。

“阳光运动会？会功夫？”小豆丁感到太有趣了。

“你想不想听它们的故事？”

“想！你快给我讲讲吧！”小豆丁有点儿迫不及待了。

“从哪里讲起好呢？”那本书哗啦哗啦地自己翻动起来，一边翻还一边自言自语道，“先讲什么好呢？有了，找到了！”

小豆丁看到翻开的那一页上画着一棵高高的大树，树上有一个大大的鸟巢，鸟巢里趴着一只小角雕。

“就从绿蘑菇城的小角雕讲起吧！”

绿蘑菇城的小角雕

一只小角雕被小飞侠们的吵闹声惊醒了。小飞侠是谁？就是木棉树的种子啊！

小角雕的家在一棵高高的木棉树的树冠上，这棵树高60多米，相当于20层楼那么高。小角雕的家下面是一望无际的绿海，那是雨林的绿天棚城区，由许多比木棉树矮一头的大树树冠构成。木棉树长到绿天棚之上才开始分枝，它那巨大的树冠就像一个大大的绿蘑菇。绿蘑菇城区正是由一个个这样的“绿蘑菇”组成的。

与下面的城区相比，绿蘑菇城区阳光充足，空气干燥，时常有热热的风吹过。

这只小角雕是六个月前出生的。自从它被孵化出来以后，它的爸爸妈妈就把全部精力和心血都放在了它身上，再也无暇（xiá）去孵其他的卵了。

一提起爸爸妈妈，小角雕就非常自豪。它们是雨林里最勇敢的动物居民之一，长有尖利的钩状喙和强壮的爪子，飞行速度像闪电一样快。

角雕爸爸妈妈通常在绿天棚上方巡逻，但时不时会突然钻入密林里。等它们再次出现在绿天棚上空时，爪子上会多出一只鹦鹉或者一只猴子，有时甚至是一只树懒。

四个月前的一天，小角雕被一阵嗡嗡声吵醒了。它睁开眼睛——咦，自己怎么睡在一个花帐篷下面了？再仔细一看——呀，原来是木棉树开花了！木棉树的花引来了许多嗡嗡唱歌的蜜蜂。

木棉树的花是红色的，漂亮的花朵缀满整个树冠，有几朵还落到了小角雕的身上。羽翼未丰的小角雕觉得自己也变得漂亮了。

后来，那些花谢了，树枝上结出了梨状的果实。

如今，小角雕已经满六个月，羽翼已经丰满，一身雪白，个头儿虽然远不如爸爸妈妈，但已经变成了英俊少年。这时，木棉树的果实也成熟了。那些梨状的果实裂开来，从里面钻出一个个身穿白绒毛衣的小飞侠。这不，风一来，小飞侠们便吵闹着，你追我赶地向远方飞去。

被吵醒的小角雕扑棱着翅膀跳到巢外，这是它出生以来第一次离开巢。它蹒（pán）跚（shān）到枝头上，好奇地看着小飞侠们，问："你们这是要去哪儿啊？"

"我们要去远行，找合适的地方定居！拜拜，小角雕！"

看着远去的小飞侠们，小角雕也忍不住要飞。它努力扇动着翅膀，起起落落好几次之后，终于摇摇晃晃地飞起来了。它飞离了树枝，飞出了木棉树，向那些小飞侠追去……

“小角雕是不是要离开自己的爸爸妈妈独立生活了？”小豆丁好奇地问。

“现在还不会。小角雕虽然飞起来了，但它还不能马上离开父母，它要在父母的养育下再生活一两年。在这期间，它要苦练飞翔能力，练习爪子的握力，学习捕食的技巧，直到能够完全独立生活。”会讲故事的书耐心地解释道。

“那些小飞侠都能找到新的住处吗？它们将来都能长成参天大树吗？”小豆丁还想着那些小飞侠呢。

“要想长成参天大树可不是件容易的事。它们当中只有极少一部分能够找到合适的地方生根发芽，能够长成大树的就更少了。除非它们有机会参加雨林的阳光运动会，并且在比赛中获胜。”

“阳光运动会？”小豆丁好奇地睁大了眼睛。

“对呀，每当雨林的绿天棚开出大天窗的时候，雨林里就要举行阳光运动会了。”

“绿天棚开大天窗？这是什么意思啊？”

“绿天棚开大天窗啊，就是这样……”说着，故事书翻到了下一页，这一页的画面是：在雨林深处，一只金色的刺豚鼠正抬头惊恐地看着什么，它的旁边倒着一棵大树……

绿天棚开了个大天窗

哗啦啦！轰隆隆！咔嚓！咚！

最后一声巨响，把刺豚鼠先生惊醒了。

刺豚鼠先生住在雨林的地面城区，这里是雨林的最底层，也是雨林中最幽暗的地方。这里十分闷热潮湿，空气湿得仿佛能拧出水来，而且总有一股淡淡的类似酒在发酵的气味。

刺豚鼠先生小心翼翼地把头探出洞外，一看，吓了一大跳——自己庄园的地面上，居然躺着一棵有烧焦痕迹的大树！

它跑到大树边，抬起头一看，天哪，不得了啦！绿天棚出现了一个大窟窿，就像开了个大天窗！

“不好了，出大事了！”刺豚鼠先生激动地大叫起来。

听到刺豚鼠的叫声，一只鹦鹉从林下城区的树洞里探出头来。它看了看躺在地上的大树，不感兴趣，又把头缩了回去。

“怎么了？怎么了？”一对蝙蝠从海里康的大叶子下面飞了出来。它们平时上夜班，白天就挂在海里康的叶子下面睡大觉。

刺豚鼠指指地上的大树。

“不就是一棵树倒了吗？我还以为发生什么事了呢！真是的，扰了人家的好梦！”两只蝙蝠打着哈欠又飞回去睡觉了。

只有那只不知从哪儿跑来的南美貘（mò）比较兴奋，它甩着鼻子，一下子钻进树叶中吃开了。

不能怪刺豚鼠先生这么激动，要知道，绿天棚开大天窗这样的事并不经常发生，有些刺豚鼠也许一辈子都遇不到。平时，枝叶稠密的绿天棚几乎把所有阳光都挡在了外面。所以，雨林深处的地面城区就算是在白天，也像黄昏一样阴暗。

现在，阳光一下子从大天窗倾泻下来，把刺豚鼠的庄园照得明晃晃的，与四周的阴暗形成了鲜明的对比。而且，最令刺豚鼠先生激动的是，天窗处露出了碧蓝的天空！刺豚鼠先生有生以来第一次看到了真正的天空！

这些全是躺在庄园里的那棵大树造成的。那棵大树的树冠本来是绿天棚城区的一部分。因为它太老了，树干有些枯朽，刚才又遭到了雷击，所以倒下了。它在倒下的过程中，牵连了周围的一些植物，给绿天棚开了一个大大的天窗。

“绿天棚开了个大天窗！”刚开始的时候，刺豚鼠先生很兴奋，到处传播这件事。但兴奋劲过去之后，看着庄园地面上的大树，刺豚鼠先生犯了愁。

如何处理这棵大树呢？

刺豚鼠先生愁得在自家庄园里到处走动。忽然，它看到一个小土堆，哟，这不是雨林清洁站站长白蚁的家吗？刺豚鼠先生顿时心花怒放：嗨，有雨林清洁工在，我还发什么愁呢！

雨林清洁站除了白蚁，还有天牛、独角仙、金龟子、千足虫等好多成员。它们的主要任务就是免费为大家清理枯枝落叶、动物尸体以及粪便等垃圾。

一听说有棵很粗很大的树倒了，需要清理，白蚁站长马上广播通知："雨林清洁站的成员们请注意！有一棵老树倒了，倒在地面城区A大街100号刺豚鼠先生的庄园里，现场急需清理，请所有成员马上赶往那里！"

当白蚁站长赶到现场时，很多清洁工都已经到达了。

一只天牛从树缝里探出头来，打着饱嗝说："我早就知道这棵树不行了，所以几周前就在它的树缝里安家落户了。"

千足虫也赶到了。刺豚鼠先生暗暗地数了数，千足虫虽然没有1000只脚，但是也有好几百只呢！

"你看，我的员工多敬业！这里交给我们，你就一百个放心吧！"白蚁站长自豪地对刺豚鼠先生说。

虫虫们开始了清理工作。它们分工明确，有的蛀蚀树木，有的分割枝叶，有的运送杂物……它们紧张而有序地工作着。真是虫多力量大，几天工夫，它们就把倒在地上的大树以及周边的垃圾清理掉了一大半。

白蚁站长对刺豚鼠先生说："我们有新的任务要去执行，剩下的那些垃圾交给雨林营养师来处理吧，我已经通知雨林营养师了，它们马上就到。"

正说着，一只小蜥蜴从刺豚鼠先生身边跑过去。它碰到了枯叶堆里的一只小蘑菇，噗的一声，碗状小蘑菇上方飘起了一股轻烟。小蜥蜴所到之处，轻烟一股一股地往外冒。

"我们来啦！"一股轻烟说。

"你们是谁？"刺豚鼠先生问。

“我们是雨林营养师真菌啊！”

“你们能把白蚁它们没清理完的垃圾清理干净吗？”刺豚鼠先生半信半疑。

“没问题！雨林里所有的垃圾，不管是什么，我们都能清理干净！”

“太好了！可是，我怎么看不清你们的面貌？”刺豚鼠先生对着那股轻烟说。

“我们现在还是孢（bāo）子，你当然看不清了，等我们发育成蘑菇之类的菌体后你就能看到我们了。好了，不和你多说了。

伙计们，我们开始工作啦！”只见那些轻烟，就是真菌的孢子们，落到垃圾堆上，不见了。

没几天，垃圾堆的表面长出一朵朵五颜六色的小蘑菇，有白色的、蓝色的、红色的，还有黄色的等。小蘑菇的形状也五花八门，有伞状的、碗状的、扇子状的、灯笼裙状的等。小蘑菇们不停地出现，长大，释放出轻烟，然后轻烟又落到垃圾上，长出小蘑菇，就这样周而复始。

几个月后，刺豚鼠先生惊喜地发现，那些垃圾已经被彻底清理干净了。但刺豚鼠先生不知道，虫子和真菌它们不仅把垃圾清理干净了，还把垃圾加工成了有营养的物质，释放到雨林里了。

“没想到白蚁等虫子和真菌还有这两下子！可是，阳光运动会什么时候开始呢？”小豆丁一直惦记着阳光运动会。

“瞧我这记性，差点儿忘了。阳光运动会啊，其实在白蚁和真菌它们忙着清理枯树垃圾的时候，就已经开始了。”哗啦哗啦，故事书往前翻了好几页，停在了有一棵小树苗的那一页。

热 带 雨 林

热带雨林是指生长在热带潮湿地区的森林，那里雨量充沛，有着丰富的生物群。热带雨林与其他森林的明显区别是：高温多雨，没有明显的季节变化，年平均气温在25摄氏度到30摄氏度，年降水量超过2000毫米，植物常年翠绿。

热带雨林主要分布在南美洲亚马孙河流域、非洲刚果河流域，以及东南亚、澳大利亚、中美洲和众多太平洋岛屿等地。我国的热带雨林主要分布在台湾南部、海南和云南南部等地。

热带雨林的植被特点

热带雨林的植被结构很独特，植物由上到下大致可分为四层：露生层、林冠层、林下层、地面层，它们就是会讲故事的书说的绿蘑菇城区、绿天棚城区、林下城区和地面城区。

高高在上的绿蘑菇城区：小角雕住的绿蘑菇城区是雨林的最上层，由一些个头儿特别高的大树的树冠构成，如木棉树、炮弹树、桃花心木和望天树等。这些大树的高度都在30米以上，树冠很大，呈蘑菇状，高出其他树许多。科学家称这一层为露生层，也叫上层林冠。这一层阳光强烈，空气干燥，风也比较大。这些大高个儿们的叶子一般都比较小，可避免被热风带走过多的水分。它们都长有粗大的板状根，可以稳固住高大的躯体。它们都利用风来传播种子。

它们的种子很轻，个个都是小飞侠，有的长着翅膀，有的穿着绒毛衣，还有的带着螺旋桨……

猛禽是绿蘑菇城区的主要居民。它们将巢建在高高的树冠上，哺育自己的孩子。角雕就是其中之一。角雕的体形很大，体长 1 米左右，翼展 2 米多，体重约 9 千克，因为头上有两个直立的羽冠，得名角雕。

茂盛的绿天棚城区：这一层距离地面 20 到 30 米，是雨林中最茂盛的一层，主要由一些树木的树冠构成，科学家称其为林冠层。这些树冠肩并肩，密密麻麻地连接在一起，就像给雨林搭了个顶棚。这一层几乎遮挡和吸收了所有阳光，致使雨林下层十分阴暗。除了一些小型的树栖动物，善于攀爬的猿类、猴子等大型动物都生活在绿天棚城区。

空旷的林下城区：在地面城区和绿天棚城区之间，是光影斑驳的林下城区。这里比较空旷，植物不多，只有少许高低不一的灌木、未长大的乔木和附生植物等。在这里生活的动物居民也不多，常见的有雀鸟、昆虫和蜘蛛等。

幽暗的地面城区：指高度在 0 到 6 米的区域。它是雨林中最幽暗的地方，地面布满残枝落叶，长着一些青苔之类的小植物以及蘑菇等。这里的动物比较多，有鹿、狮子、豹子等。故事里出现的刺豚鼠和南美貘，是亚马孙热带雨林地面城区的常住居民。刺豚鼠是一种长着金色皮毛的小动物，属于啮齿目，和松鼠是亲戚。南美貘是哺乳动物，善于游泳，栖居在近水的地方，受到惊吓时会立即进入水中。

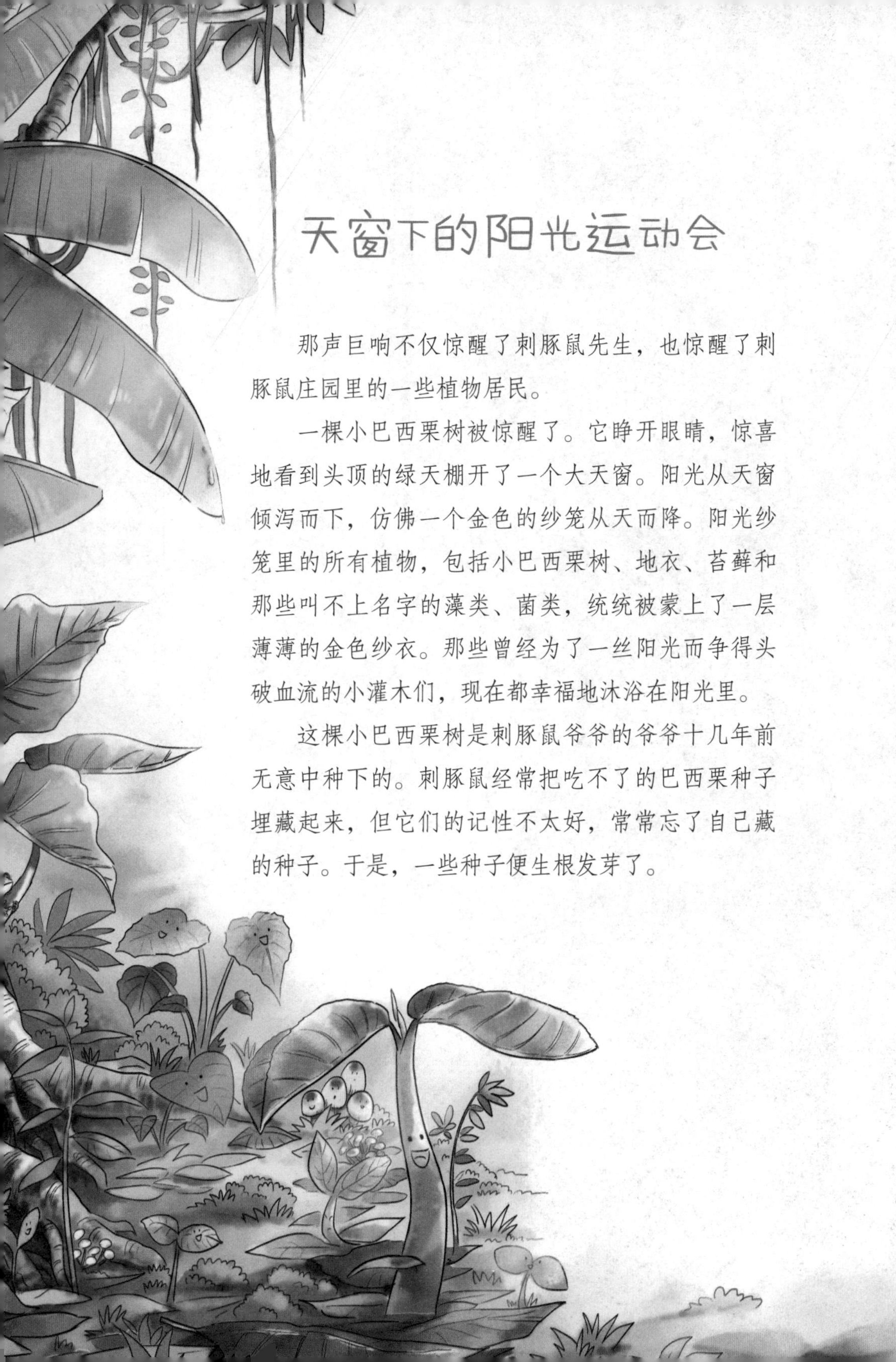

天窗下的阳光运动会

那声巨响不仅惊醒了刺豚鼠先生，也惊醒了刺豚鼠庄园里的一些植物居民。

一棵小巴西栗树被惊醒了。它睁开眼睛，惊喜地看到头顶的绿天棚开了一个大天窗。阳光从天窗倾泻而下，仿佛一个金色的纱笼从天而降。阳光纱笼里的所有植物，包括小巴西栗树、地衣、苔藓和那些叫不上名字的藻类、菌类，统统被蒙上了一层薄薄的金色纱衣。那些曾经为了一丝阳光而争得头破血流的小灌木们，现在都幸福地沐浴在阳光里。

这棵小巴西栗树是刺豚鼠爷爷的爷爷十几年前无意中种下的。刺豚鼠经常把吃不了的巴西栗种子埋藏起来，但它们的记性不太好，常常忘了自己藏的种子。于是，一些种子便生根发芽了。

这枚被遗忘的巴西栗种子生根发芽，长成了小树。由于雨林林下城区的阳光很少，那点儿微弱的光根本不够它继续长高长大，所以它就选择了休眠，就像某些小松鼠在冬天选择冬眠一样。

如果那棵大树没有倒下，这棵小巴西栗树就会继续睡下去。

但现在，那棵大树倒了，一切都变了。

“我宣布，刺豚鼠庄园的阳光运动会现在正式开始！比赛谁长得高，终点是绿天棚的天窗！奖品嘛，就是那里的阳光！”一棵高大的望天树宣布比赛开始。

阳光纱笼中的所有植物都报了名。当然，也包括那棵小巴西栗树。

比赛开始了。最先起跑的是攀缘植物，它们伸出绿色的小脑袋，摇摆着绿色小手四处寻找能抓着的地方。其中，短跑高手甘薯苗竟然在一天内就伸长了半米！

“小巴西栗，你怎么还不起跑？”甘薯苗一边问小巴西栗树，一边把绿色小手使劲儿向前伸。但它努力的方向不对，因为它的茎太软了，只能匍匐前进，无法长高。

“不急不急，慢慢来，我要积攒能量。”小巴西栗树回答。

野芭蕉也跑得很快，它和其他大型草本植物举着巨大的叶子，使劲儿往上长，很快就把攀缘植物们甩在了后面。

“小巴西栗，你怎么还不快点儿跑啊？”野芭蕉不久就长到3米高，远远超过了小巴西栗树。不过，它们只风光了一段时间就不行了，因为它们毕竟是草本植物，没有木质的茎，怎么努力也不能长得太高。

“不急不急，慢慢来。”小巴西栗树仍然淡定地晒着太阳，暗自积攒着能量，慢慢地长着，不急也不躁。

几个月后，灌木小组的成员从后面赶了上来，超过了野芭蕉，成了跑在最前面的选手。

但是，灌木们也没有后劲，它们长到五六米后，就渐渐没有力气向更高的地方生长了。

小巴西栗树在阳光的照射下，身体变得越来越强壮。它挺了挺腰身，开始发力了。

一年之后，小巴西栗树超过了所有参赛的植物。它高高在上，成了跑在最前面的选手。

小巴西栗树越长越高，离天窗也越来越近。终于有一天，它钻出了绿天棚。它骄傲地站立着，伸展开枝叶，蘑菇般的大树冠盖住了天窗。它成了雨林中的绿巨人!

“我宣布，本次阳光运动会到此结束，刺豚鼠庄园的小巴西栗树获得了冠军！”望天树高声宣布。

绿天棚上的大天窗关闭了，大量阳光又被挡在茂密的树冠之外，雨林地面又恢复了往日的阴暗。

“小巴西栗树真棒！”听完故事，小豆丁不禁连连称赞。

“与其说小巴西栗树棒，不如说它幸运。说到这儿，我忽然想起绿巨人的大脚丫来了。”

“绿巨人的大脚丫？长什么样？有多大？”小豆丁好奇地问。

“绿巨人的大脚丫嘛，就是这样的。”小豆丁看到，在书翻开的那一页上，大树根部真的有一个大大的脚丫，上面还有一只小刺豚鼠在玩滑梯呢。

绿巨人的大脚丫

“好消息！好消息！”刺豚鼠先生刚刚把一枚巴西栗树的种子藏到土里，就听见了金刚鹦鹉小鹉的声音。

“我们这里出了一位大明星，它刚刚参加完‘雨林大脚丫比赛’，荣获了‘大脚先生’的称号！”

“它的脚有多大？比我的大吗？”刺豚鼠先生说着抬起自己的一只脚看了看，那脚一点儿也不像鼠类的脚，倒是有点儿像小鹿的蹄子。

“比你的可大多了！”小鹉撇了撇嘴。

“比大象的还大吗？”刺豚鼠先生虽然从没见过大象，但它听说过。

“比大象的也大多了！这位大脚先生的脚掌有一个篮球场那么大呢！”

“啊？谁的脚这么大？”刺豚鼠先生一下子惊呆了。

“就是我们雨林的绿巨人，A大街101号的那棵木棉树啊！”

“A大街101号？这不是我家旁边的那棵大树吗？”刺豚鼠先生吃惊道。

刺豚鼠先生按捺（nà）住激动的心情，连蹦带跳地往家里跑。刺豚鼠先生家旁边的这棵木棉树，真的是个绿巨人。它树干笔直，大大的树冠高高地矗（chù）在绿蘑菇城区，树冠之下没有一根分枝。它的一部分树根高高地突出在地面之上，从树干的基部向

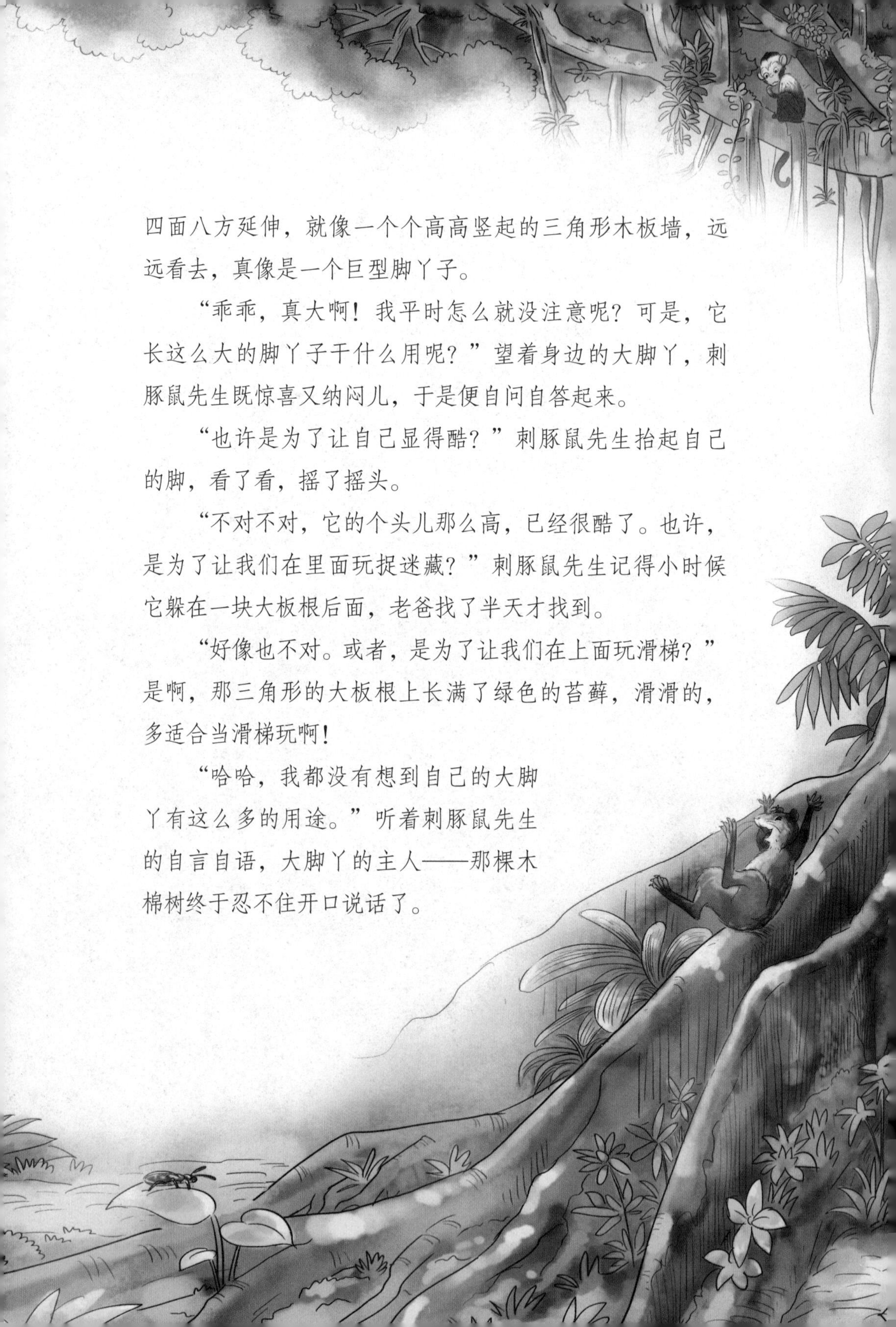

四面八方延伸，就像一个个高高竖起的三角形木板墙，远远看去，真像是一个巨型脚丫子。

“乖乖，真大啊！我平时怎么就没注意呢？可是，它长这么大的脚丫子干什么用呢？”望着身边的大脚丫，刺豚鼠先生既惊喜又纳闷儿，于是便自问自答起来。

“也许是为了让自己显得酷？”刺豚鼠先生抬起自己的脚，看了看，摇了摇头。

“不对不对，它的个头儿那么高，已经很酷了。也许，是为了让我们在里面玩捉迷藏？”刺豚鼠先生记得小时候它躲在一块大板根后面，老爸找了半天才找到。

“好像也不对。或者，是为了让我们在上面玩滑梯？”是啊，那三角形的大板根上长满了绿色的苔藓，滑滑的，多适合当滑梯玩啊！

“哈哈，我都没有想到自己的大脚丫有这么多的用途。”听着刺豚鼠先生的自言自语，大脚丫的主人——那棵木棉树终于忍不住开口说话了。

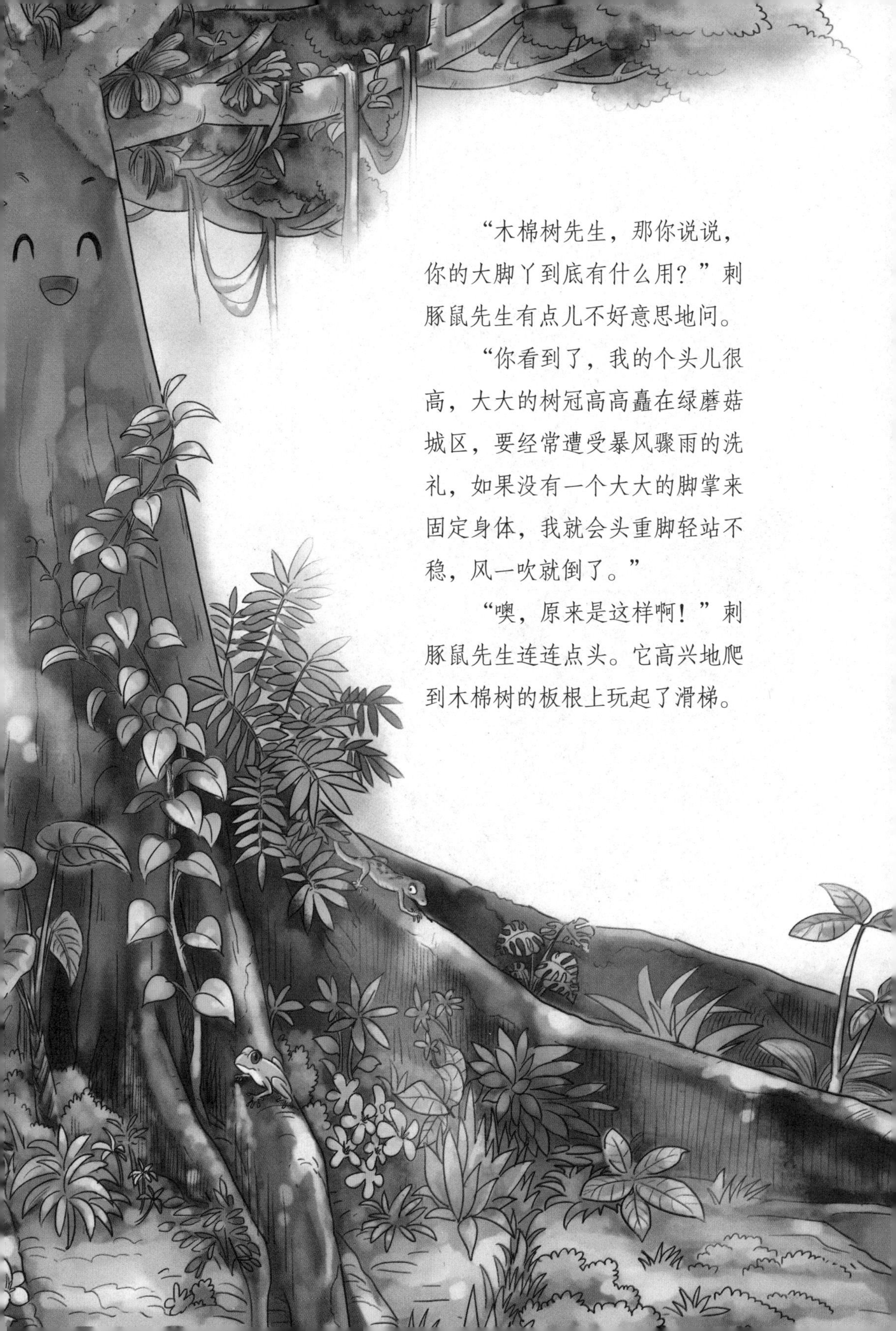

“木棉树先生，那你说说，你的大脚丫到底有什么用？”刺豚鼠先生有点儿不好意思地问。

“你看到了，我的个头儿很高，大大的树冠高高矗在绿蘑菇城区，要经常遭受暴风骤雨的洗礼，如果没有一个大大的脚掌来固定身体，我就会头重脚轻站不稳，风一吹就倒了。”

“噢，原来是这样啊！”刺豚鼠先生连连点头。它高兴地爬到木棉树的板根上玩起了滑梯。

“我也想在绿巨人的大脚丫上玩滑梯，那一定很好玩！”小豆丁很羡慕刺豚鼠。不过他更佩服大树，“大树能长那么大的脚丫子真不简单。”

“是啊！在雨林里，不仅大树不简单，别的植物也不简单！要想在雨林里生存下去，一定得有点儿真功夫。”故事书一边说着，一边翻到新的一页，这一页上画着一些巨大的叶子。

像木板一样的树根

在热带雨林里，有一些大树以树干基部为中心，延伸出几条形如木板墙的树根。它们露在地面外，犹如巨大的支架，支撑着大树的身躯。这便是植物的板根，也叫板状根。

板根是热带雨林乔木的一个突出特征，也是热带雨林中的一种奇特景观。有的乔木的板根有几层楼那么高，占地面积可达好几百平方米，非常壮观。

热带雨林的乔木为什么把根露一部分在外面呢？因为雨林雨多植物多，经年累月，连流失带消耗，地下的土壤已变得比较贫瘠。所以，为了吸收地面腐殖质中的养分，雨林中树木的根一般都长得比较浅。这么浅的根，树木怎么才能站得稳呢？为了解决这个问题，雨林里的高大树木各显其能，进化出了各种各样的根，除了板根，还有在地表连成一片的网状根、拐杖似的支柱根等。

林下植物功夫秀

天窗下的阳光运动会，把那些仍生活在阴暗环境中的植物们羡慕死了，它们做梦都盼着自己有一天也能参加这样的竞赛。但是，遇到树倒，绿天棚开天窗，就像中彩票一样难。

“与其等着树倒，不如把自己的功夫练好，功夫过硬照样能在阴暗的环境里生存。”叶子大大的海芋说。

“对，说得没错。”旁边的野芭蕉附和道。

“干脆，我们举办一场功夫秀，就来秀秀我们林下植物的真功夫！”海里康的提议得到了大家的一致赞同。于是，一场林下植物功夫秀开始了。它们邀请了小蜂鸟、甲虫、刺豚鼠等动物当观众。

第一个上场的是海里康。

“当绿天棚城区沐浴在阳光中时，我们林下城区得到的却只是斑驳的光点。而且，这些宝贵的光点还会因为大雨的到来而消失。对这里的植物来说，生命就是在绝望中挣扎……”海里康一上场就先来了一段深情的演说。但它的话太深奥了，小蜂鸟它们根本听不懂。

“别说得那么深奥好吗？你想表达什么意思就直说吧！”心

直口快的小蜂鸟说。

“我想说的是——我们地面城区和林下城区的阳光太少了！但是，对于我们植物来说，阳光就是我们的‘饭’，如果没有阳光，我们就会被饿死！”海里康恢复了以往的腔调，“所以，为了‘填饱肚子’，我们林下植物练就了一身大叶采光术，就是把叶子变大变大再变大。你们看，我的叶子大吧？芭蕉的叶子比我的还大，海芋的叶子就更大了。我们的目标只有一个，那就是将叶片扩大，尽可能多地吸收阳光！”

“噢，我说你们的叶子怎么都这么大，我还以为是为了让我们在下面避雨呢，原来你们是为了‘吃饭’呀！”刺豚鼠这下明白了。

第二个上场的是龟背竹，它的叶片油绿硕大，上面有一些小洞洞，边缘还有一些豁口，样子如同龟壳上的花纹。

“大家看到了，我的叶子上有许多大小不一的洞洞，这些可不是被虫虫咬出来的，而是我特意长的。这是为什么呢？”说到这里，龟背竹故意停顿了一下，把目光投向了刺豚鼠，“你知道这是为什么吗？”

“为了显得与众不同。”刺豚鼠试探着回答。

“错！是为了排水防涝！大家都知道，我们雨林里雨水很多，这么多的雨水，这么大的叶子，没有一套排水防涝设施可不行。”

“植物不是离不开水吗？你为什么还要排水呢？”对于这一点儿，小蜂鸟有些不明白。

“我们虽然离不开水，但水太多了也不行。所以，雨

林中的植物都有一套高超的排水功夫。比如我的洞洞排水功，简单又实用。只要下雨，雨水便会从叶子的洞洞里流走，不会在叶片上积水。”

“龟背竹说得没错，排水对我们来说十分重要！”叶子硕大的海芋终于等到了说话的机会。

“我的叶子虽然没有洞洞，但是我有更专业的排水设施。我

的叶脉微微下凹，如同一道道排水沟，叶片上的积水汇聚到沟里，流向叶尖。我的叶尖又细又长，像个小尾巴，会将多余的水快速排走。

“还有啊，我不仅会外功，还会内功，能把体内多余的水排出去。”

说话间，海芋那肥大油亮的叶面上竟然渐渐渗出几颗晶莹剔（tī）透的小水珠。小水珠逐渐变多变大，慢慢地汇成大水珠，沿着叶脉流到叶尖，最后从叶尖滴落下去。

“哇，这不就是传说中的滴水观音吗？真是神奇！你是怎么做到的？”小蜂鸟一下子认出它来。

“这个嘛，是秘密。”海芋神秘地一笑。

“哈哈，难怪我没有尾巴，原来是跑到你身上去了。”刺豚鼠的话引得大家笑起来，雨林里谁都知道刺豚鼠的尾巴很短，就像没有一样。

“雨林植物的功夫真棒！”看完植物们的功夫秀，小豆丁对雨林里的植物佩服得五体投地。

“是啊，主要是因为在雨林里生存太不容易了，植物们才想出了各种招数。这不，有一些植物为了生存，还把家直接搬到了空中。”

这次，出现在小豆丁眼前的那一页，是一个美丽无比的空中花园。

林下植物的生存本领

在雨林中生活，并不那么轻松自在，尤其是生活在雨林下层的植物，更是活得不易。它们为了适应那里的生活，纷纷进化出各种各样的生存本领。比如巨型叶片、滴水叶尖和吐水现象等。

巨型叶片——巨大的采光板。很多林下草本植物都生有巨大的叶子，如海里康、芭蕉、海芋、箭根薯等，它们的大叶子可以容纳数人在下面避雨。这是由于雨林下层光线比较弱，叶子越大捕捉到的光线越多。

滴水叶尖——绿色的小尾巴。热带雨林下层植物的叶子，尖端常常延伸成尾巴的样子，人们习惯称其为滴水叶尖。滴水叶尖的形成与高温多雨的生态环境有关。滴水叶尖能引导叶片表面的水流掉，使叶面很快变干，既有利于进行光合作用，又可避免微生物的侵袭。

吐水现象——滴水观音的秘密。雨林里的植物大多都有吐水现象。植物体内的水分，本应该通过输导系统运送到叶片，再经过蒸腾作用释放到空气中。然而，雨林中空气的湿度极高，水分子含量经常处于饱和状态，植物体内的水分无法蒸腾，只好直接排出液态水。通常，水分是沿着叶脉的沟渠汇集到叶尖再滴下去。这就是滴水观音滴水的秘密。

蓝花楹来了新房客

蓝花楹空中花园小区出名了，它的照片登上了《雨林美景》杂志的封面。

蓝花楹是一棵高大的乔木，树干笔直，茂密的树冠处在绿天棚城区。它的枝干上长满了花花草草，有大片的地衣、绿色的苔藓、瀑布般的兰花、像大酒杯的凤梨、扁平的仙人掌，还有蕨类以及一些叫不上名字的植物。这些花花草草都是蓝花楹的房客，它们把蓝花楹装扮得郁郁葱葱，花团锦簇，从地面上看就像是一个美丽无比的空中花园。

“今天不知道又会有什么新客人来。趁着大家还没有醒，数数我现在有多少房客了。”刚刚醒来的蓝花楹开始数它的房客，可是，还没等它数到 20，就被一个声音打断了。

“早上好，蓝花楹！”

“早上好，小兰花！哟，你开花了！真漂亮啊！”

这株兰花是一年前入住的，那时的它还是一粒很小的种子，随风飘到了蓝花楹这里，并在这里安了家。现在，它已经开出许多指甲盖儿大小的黄色小花。

“蓝花楹，蓝花楹，你快看看我的鹿角怎么变枯了。我是不是快要死了？”蓝花楹刚刚从头数到 60，就听见住在左肩头的鹿角蕨焦急地叫它。

这株鹿角蕨长着两种叶子，一种叶子像小碗一样紧紧地扣在

树枝上，另一种叶子长得像鹿角一样。蓝花楹看到，这株鹿角蕨的鹿角叶片背面长了一大片褐色斑块。

“啊，恭喜你，你要做妈妈了！那些色斑是你的孢子囊啊！”蓝花楹很有经验地说。

“啊，原来这就是孢子囊！我真的要做妈妈了？”这株鹿角蕨可是第一次长出孢子，还没有经验呢。

“是啊，孢子就相当于其他植物的种子啊！等孢子成熟，它们就会飞散到四面八方，在其他地方安家落户。你不就是由一粒孢子发育而成的吗？”

刚安慰完激动的鹿角蕨，蓝花楹又听到有人叫它。“蓝花楹你好！你能帮我听听我今天作的这首诗怎么样吗？”原来是长着长长气根的仙人掌，它抑扬顿挫地朗诵起来。

“嗯，嗯，不错！”评论完仙人掌的诗，蓝花楹接着数它的房客。

“我刚才数到哪儿来着？好像是数到60了？不对，是80？唉，还是从头数吧。”当数到121的时候，蓝花楹又被一个稚嫩的声音打断了。

“您好！请问我可以在这里住吗？”

原来是一粒凤梨的种子，它落在了鸟巢蕨和兰花旁边。鸟巢蕨的名字来源于它的外形，它的长叶子围在一起就像一个大大的鸟巢。

“你是附生还是寄生？”不等蓝花楹回答，鸟巢蕨便开口问。

“附生和寄生有什么区别吗？”凤梨种子不解地问。

“区别大着呢！附生就是只借住在房东这里，自己吸收水分，制造养料，绝不会抢房东的食物。而寄生就是寄生虫，不仅住在房东家里，连吃的喝的也全抢房东的。”

“这么说的话，我是附生，我不会伤害房东的。”凤梨种子连忙答道。

“呵呵，欢迎你加入到这个大家庭里。”蓝花楹知道，自己又要多一个房客了。

新的一天来到了，一缕阳光照在鸟巢蕨和兰花旁边，一个嫩绿的小芽钻了出来。小凤梨睁大眼睛好奇地打量着四周，雨林中的一切对它来说都是新鲜的。它欣喜地与雨林打着招呼：“嗨，你好，雨林，我来啦！”

“那株小凤梨以后会遇到什么事呢？”小豆丁意犹未尽。

“小凤梨出世之后经历了许多有趣的事，结识了许多雨林朋友。明天我再讲给你听吧。”

“明天？怎么，你现在不讲了吗？”小豆丁露出失望的表情。

“是呀，今天时间不早了，你该休息了，我也累了。”

“明天你真的会再讲故事给我听吗？”小豆丁揉揉眼睛。

“当然，我可是守信誉的书哦。不过，你要答应我一件事——从明天开始，找出你的小手帕使用，尽可能少用纸巾。”说着，那本书像鸟儿一样自己飞回到书架上了。

“这和讲故事有关系吗？”小豆丁不解地问。

“这和雨林有关系。”书架上传来那本书温柔的声音。

“好的，我答应你。”似懂非懂的小豆丁打了个哈欠，“你明天可一定要再给我讲故事哦！”

“一定！晚安，小豆丁！”

“晚安，会讲故事的书！”

住在树上的附生植物

由于雨林地表几乎没有阳光，十分不利于小型植物生长。所以一些植物就把家搬到了空中，借住在高大的树木身上。

热带雨林空气潮湿，树杈、树枝和树皮裂隙等地方，会聚集一些枯枝落叶、灰尘等，形成“土壤”，很多小型植物便在这些地方安家落户。人们把这种植物称为附生植物。附生现象是热带雨林的特征之一。附生植物家族中的主要成员有蕨类、地衣、苔藓，以及兰科、天南星科和凤梨科等。它们都有海绵样的气生根。这些根紧贴在树干、枝条上，或悬垂于空中，能有效地吸收空气中的水分。

第二天，小豆丁早早地吃过晚饭，来到书房。那本神奇的故事书已经站在书桌上等他了。

“今天给我讲什么故事呢？”小豆丁迫不及待地问。

“嗯……”故事书想了想说，“今天给你讲讲凤梨和它的邻居们的故事吧。”

于是，故事书翻开新的一页，讲开了。

等房客的小凤梨

“小凤梨，你好！有水喝吗？”一只松鼠猴跳到小凤梨面前。

“有啊，昨天新接的雨水，快请喝吧！”小凤梨热情地回答。

“小凤梨，我都好几天没洗澡了，我可以在你的水塘里洗澡吗？”一只漂亮的小唐纳雀落在小凤梨的叶子上。

“可以啊，快过来吧！”

小唐纳雀跳进小凤梨的水塘里欢快地洗起澡来。

原来，这株小凤梨是积水凤梨。它的茎很短，茎上长着长长的蜡质叶子，这些叶子层层叠叠围成了一个喇叭形的小水塘。每次下雨的时候，小凤梨就会积存好多雨水。

在绿天棚城区，小凤梨水塘里的水特别受欢迎，附近的动物居民都会到它这里来喝水。而那些漂亮可爱的小鸟们，为了保持

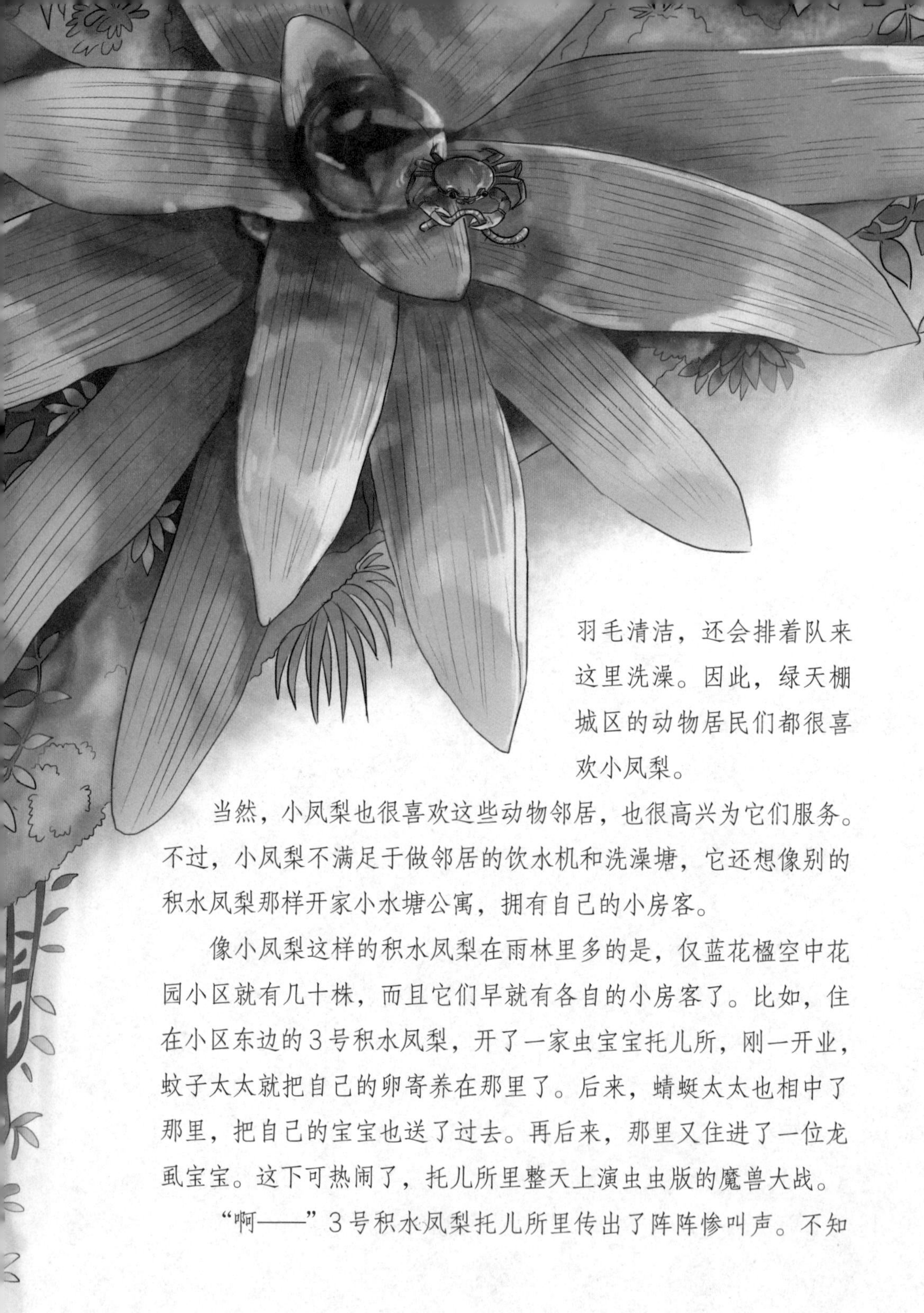

羽毛清洁，还会排着队来这里洗澡。因此，绿天棚城区的动物居民们都很喜欢小凤梨。

当然，小凤梨也很喜欢这些动物邻居，也很高兴为它们服务。不过，小凤梨不满足于做邻居的饮水机和洗澡塘，它还想像别的积水凤梨那样开家小水塘公寓，拥有自己的小房客。

像小凤梨这样的积水凤梨在雨林里多的是，仅蓝花楹空中花园小区就有几十株，而且它们早就有各自的小房客了。比如，住在小区东边的3号积水凤梨，开了一家虫宝宝托儿所，刚一开业，蚊子太太就把自己的卵寄养在那里了。后来，蜻蜓太太也相中了那里，把自己的宝宝也送了过去。再后来，那里又住进了一位龙虱宝宝。这下可热闹了，托儿所里整天上演虫虫版的魔兽大战。

“啊——”3号积水凤梨托儿所里传出了阵阵惨叫声。不知道是蚊子的幼虫孑（jié）孓（jué）被蜻蜓宝宝水虿（chài）欺负了，还是龙虱又发动了战争，把蚊子幼虫和蜻蜓宝宝给歼灭了。

小区西边的7号积水凤梨开了一家小旅馆，那里住着一位客人，叫食肉蟹。这位客人平时喜欢潜在水塘里，当百足虫等小客人去喝水时，它便悄悄地从水塘里钻出来，用大钳子把虫子捉住，再拖进水中慢慢享用。

还有，小区南边的9号积水凤梨，经常会有蝾螈客人住在里面。

最令小凤梨羡慕的是小区北边的17号大积水凤梨，那里不仅住着一些动物客人，还住着狸藻等食虫植物。所有客人加起来有400多位，可热闹啦！

“唉，是不是我的水塘不够好啊，为什么到现在还没有房客来住呢？”看着自己冷冷清清的小水塘，小凤梨叹了口气。

“别着急，你刚刚有了小水塘，许多动物居民还不知道呢！过几天就会有客人来了。”旁边的兰花安慰着小凤梨。

“真希望快点儿有小房客来，哪怕是只蚊子宝宝也好！”小凤梨焦急地等待着。就在这时，一个温柔的声音从脚边传来：“你好，小凤梨！可以让我的宝宝住在你的小水塘里吗？”

呀，有房客来了！

是谁在叫小凤梨呢？小凤梨循着声音低头看去，惊喜地发现自己的脚边蹲着一只红色的小树蛙，它的背上还有一只小蝌蚪。

天哪！这不是雨林中大名鼎鼎的箭毒蛙吗？小凤梨激动得一时不知说什么好。

见小凤梨半天没吭声，箭毒蛙妈妈以为小凤梨不认识自己，便自我介绍道："我是箭毒蛙。半个月前，我在地面城区的枯叶里生下了卵宝宝，现在已经有五枚卵孵出了小蝌蚪。它们需要在一个水质清洁又安全的地方成长，我就想到了绿天棚城区里的你们。这里高高在上，既安静又隐蔽。你能不能让我的 001 号宝宝住在这里呢？"

小凤梨这时才回过神来，兴奋得连连点头："愿意愿意，当然愿意！我这里一位房客还没有呢，您尽管放心地把宝宝放在我这里吧！"

"那真是太好了！谢谢你，小凤梨！"箭毒蛙妈妈说着爬到了小凤梨的叶片上，一下跳到了小水塘里。

箭毒蛙妈妈把后半身浸入水中，让背上的小蝌蚪滑到水中，然后跳出了小水塘。

"小凤梨，我还要为其他几个宝宝找住处，001 号宝宝就拜托你了！"箭毒蛙妈妈不等小凤梨说话，便急匆匆地走了。

看着小水塘里的小蝌蚪，小凤梨问："你妈妈为什么不把你的弟弟妹妹都放到我这里呢？我这里挺宽敞的，可以住好多小蝌蚪呢！"

"这可不行，我们和别的蛙不一样，我们小时候都要住单间的。如果非让我们住在一起，我们会打架的，说不定会相互伤害

甚至吃掉对方呢！妈妈可不想让我们兄弟姊妹相互残杀。”小蝌蚪解释道。

“噢，是这样啊！对了，你妈妈是从地面城区爬上来的吗？这么高，它是怎么爬上来的？”小凤梨低头看了看地面。

“当然是啊！我妈妈的脚上有吸盘。雨林里的所有蛙类脚上都有吸盘，这样才能攀爬到树枝和树叶上。等我以后长出脚来，我的脚上也会有吸盘的。”说着，小蝌蚪甩了甩尾巴。

大约过了一个星期，箭毒蛙妈妈又出现在小凤梨面前。

“您来看宝宝吗？”

“是呀，顺便给宝宝送点儿吃的。你是不知道啊，我的宝宝可挑食了，别的东西不吃，只吃我喂的点心。”说着，箭毒蛙妈妈把一些没有发育的卵排进小凤梨的小水塘里，它们就是小蝌蚪的点心。

“其他几个宝宝都找到住处了吗？”小凤梨关心地问。

“托你的福，都找到了。002号宝宝住在A街区27号大树充满水的树节孔里，003号宝宝住在B街区19号积水凤梨那里，004号宝宝住在C街区52号大树树杈上的小水坑里，005号宝宝住在D街区57号凤梨公寓里。”

“雨林这么大，您的宝宝寄放在哪个地方您都能记得住？”

“当然记得住，宝宝托儿所的地图都在我脑子里呢！好了，不多说了，我要给其他宝宝送吃的去了，过些日子我再来。再见，小凤梨！”说完，箭毒蛙妈妈便离开了。

箭毒蛙妈妈经常过来喂养小蝌蚪。在小凤梨的小水塘里，小蝌蚪一天天长大。它先长出两条小后腿，再长出两条小前腿……最后，终于变成一只漂亮的小箭毒蛙。

“真是一位细心又伟大的妈妈！”听完这个故事，小豆丁不由得称赞。

“是啊，小凤梨也这样想呢。”故事书点点头。

“对了，这株小凤梨长大后能结出我们吃的那种凤梨吗？”小豆丁似乎想到了什么。

“你说的是菠萝吧？故事里的小凤梨是积水凤梨，它和你们常吃的水果凤梨可不一样，虽然它俩都是凤梨科的成员。水果凤梨是地生植物，而积水凤梨终生都长在高高的大树上，是附生植物。对了，除了积水凤梨，还有一些凤梨也长在高高的大树上，比如接下来我要给你讲的胖章鱼。”说着，故事书翻到了新的一页。

积水凤梨的小水塘

许多人以为雨林里一定不缺水，其实下过雨之后，雨林中的气温会迅速上升，雨水很快会被蒸发掉。这时，积水凤梨小水塘里的水就变得十分宝贵，那里成了动物居民们的饮水站和洗澡塘。

积水凤梨的小水塘还是许多水生植物和喜水动物的栖息场所。其中常见的有水生食虫植物狸藻、蚊子和蜻蜓等昆虫的幼虫，以及蝾螈、蜥蜴、蛇和蝌蚪等。

雨林小蝌蚪成长记

一般蛙类的生活离不开水，因为离开水它们薄薄的皮肤就会被晒干。而在热带雨林里，由于频繁的暴雨带来了湿气，所以成年的蛙类可以在树上生活。但是，对于小蝌蚪来说，它们必须在有水的环境中才能慢慢长大、发育成蛙。所以箭毒蛙会把自己的宝宝送到小水塘中生长。

在成长的过程中，箭毒蛙的宝宝只吃妈妈产下的未受精的卵，而有些树蛙的宝宝则会以水塘中昆虫的幼虫为食。等到小蝌蚪变成小青蛙，它们就可以像妈妈一样离开水塘，到陆地上生活了。

胖章鱼的蚂蚁大厦

黄金地段，环境优雅；空气流通，从不积水；卧室、育婴室、厨房一应俱全，入住保您不后悔！

打出这则招租启事的就是胖章鱼，它就住在小凤梨对面的树枝上，和小凤梨几乎同时在蓝花楹空中花园小区安家。虽然胖章鱼也是一株附生凤梨，但它和小凤梨长得一点儿都不像。它的基部像一个胖蒜头，蒜头里面有好多洞，而且蒜头上的蜡质叶子细细长长，张牙舞爪的，活像章鱼的触手。

“你怎么长成这个样子？长成这样怎么积水啊？”看到胖章鱼的怪模样，小凤梨替它担忧。

“为什么非要积水呢？”胖章鱼不解地问。

“积水后有了小水塘，才能收集到鸟粪、残枝落叶和花粉等，还能吸引小房客来住，而且小房客能给我们提供更多的残渣和便便。这可是我们附生凤梨成长需要的营养汤啊。有了营养汤，我们才能长得更强壮。你没有小水塘，也就没有营养汤，那你怎么能长得强壮呢？”小凤梨像个小老师一样耐心地告诉胖章鱼。

“噢，是这样啊。放心吧，我不需要营养汤，我有自己的生存之道。就算没有小水塘，我也会有房客的，而且房客会比你的多得多。”胖章鱼一副胸有成竹的样子。

“你就吹牛吧！谁会住在没有水的房子里啊！”小凤梨有点儿不信。

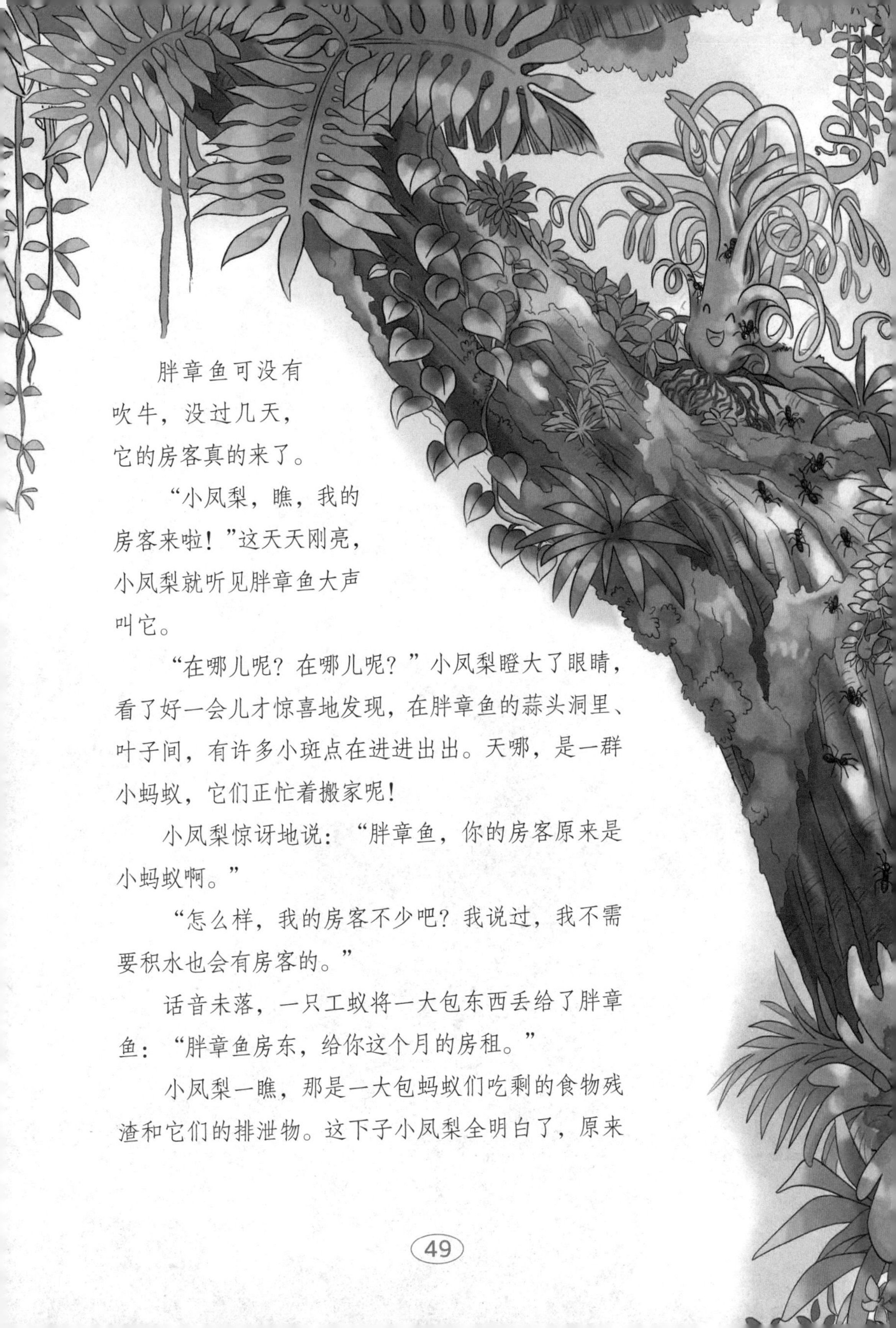

胖章鱼可没有吹牛，没过几天，它的房客真的来了。

“小凤梨，瞧，我的房客来啦！”这天天刚亮，小凤梨就听见胖章鱼大声叫它。

“在哪儿呢？在哪儿呢？”小凤梨瞪大了眼睛，看了好一会儿才惊喜地发现，在胖章鱼的蒜头洞里、叶子间，有许多小斑点在进进出出。天哪，是一群小蚂蚁，它们正忙着搬家呢！

小凤梨惊讶地说：“胖章鱼，你的房客原来是小蚂蚁啊。”

“怎么样，我的房客不少吧？我说过，我不需要积水也会有房客的。”

话音未落，一只工蚁将一大包东西丢给了胖章鱼：“胖章鱼房东，给你这个月的房租。”

小凤梨一瞧，那是一大包蚂蚁们吃剩的食物残渣和它们的排泄物。这下子小凤梨全明白了，原来胖章鱼长成那样是专门为小蚂蚁设计的。胖章鱼的蒜头洞是为小蚂蚁准备的房间，而小蚂蚁付给胖章鱼的房租，正是胖章鱼需要的有机肥料。

“胖章鱼还真有两下子！”小凤梨不得不佩服起胖章鱼来。

“小凤梨有营养汤，胖章鱼为小蚂蚁建大厦。绿天棚城区的植物太有趣了！”小豆丁不由得拍手叫好。

“不仅绿天棚城区的植物有趣，那里的动物居民也很有趣。下面，我就给你讲讲动物居民的故事。”故事书哗啦哗啦翻了几页，又开始讲了起来。

会打喷嚏的“恐龙”

“小凤梨，快看快看，慢悠悠先生！”胖章鱼突然大声喊起来。

“在哪儿？”小凤梨早就听说慢悠悠先生要来它旁边的树叶餐厅。它特别想知道，慢悠悠先生长什么样，行动是不是像蜗牛一样慢，没想到机会很快来了。

“你看，餐厅最里面，挂在树上的那位就是慢悠悠先生。”

小凤梨使劲儿往里看，失望地说：“树叶餐厅里哪有客人呀！胖章鱼你是不是在骗我？挂在树上的明明是一个绿色的毛绒球，它和我们一样，看起来不过是附生植物啊！”

没想到小凤梨这么一说，那个绿色的毛绒球竟然动了起来，说：“我可不是什么附生植物，我是名副其实的动物，大名叫树懒。不过，大家都喜欢叫我慢悠悠先生。”

小凤梨这才看清楚，挂在树上的绿色毛绒球脑袋圆圆的，长着一双弯弯的眼睛，看起来笑眯眯的。它的前肢和后肢长度差不多，四肢的末端长着镰刀状的利爪，像钩子一样紧紧钩住树干。

“慢悠悠先生，久仰大名！您是我们整个雨林，哦不，应该是整个地球上行动最慢的哺乳动物，您还曾因此获得过动物吉尼

斯世界纪录证书呢！”胖章鱼大声地对慢悠悠先生说。

慢悠悠先生缓慢地点了点头。

“慢悠悠先生竟然是地球上行动最慢的哺乳动物！这个你是怎么知道的？”小凤梨惊讶地问胖章鱼。

“听我的小房客们说的。”胖章鱼一脸得意。

果真，这位慢悠悠先生做什么事情都很慢。慢慢地移动，慢慢地转脖子，慢慢地采摘叶子，慢慢地把叶子放在嘴里咀嚼，那速度比电影里播放的慢镜头还要慢。

小凤梨观察了好多天，发现这位慢悠悠先生还有许多特别的地方。比如，它的倒挂功无人能比，不仅吃饭倒挂着，睡觉也倒挂着。它每隔八九天才会爬到地面上去拉一次便便。还有，慢悠悠先生特别喜欢吃树叶。

小凤梨从没有见过比慢悠悠先生更喜欢吃树叶的动物。平时这个树叶餐厅的客人并不多，白天的时候，吼猴先生会带着一家

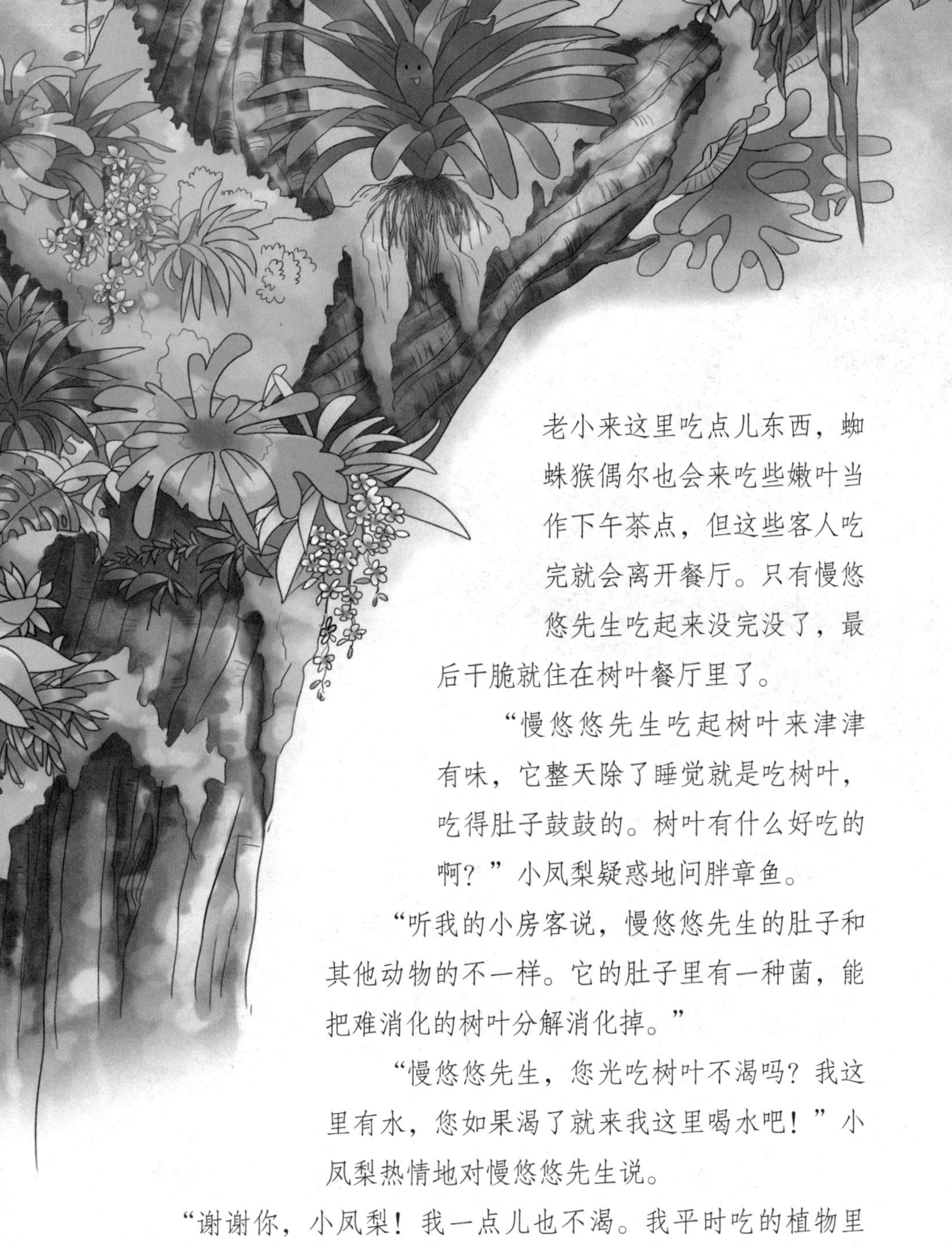

老小来这里吃点儿东西，蜘蛛猴偶尔也会来吃些嫩叶当作下午茶点，但这些客人吃完就会离开餐厅。只有慢悠悠先生吃起来没完没了，最后干脆就住在树叶餐厅里了。

“慢悠悠先生吃起树叶来津津有味，它整天除了睡觉就是吃树叶，吃得肚子鼓鼓的。树叶有什么好吃的啊？”小凤梨疑惑地问胖章鱼。

“听我的小房客说，慢悠悠先生的肚子和其他动物的不一样。它的肚子里有一种菌，能把难消化的树叶分解消化掉。”

“慢悠悠先生，您光吃树叶不渴吗？我这里有水，您如果渴了就来我这里喝水吧！”小凤梨热情地对慢悠悠先生说。

“谢谢你，小凤梨！我一点儿也不渴。我平时吃的植物里有很多水分，实在渴了我就舔食叶片上的露珠。”慢悠悠先生笑了笑。

“为什么慢悠悠先生身上最外面的毛是浅绿色的?难道是因为绿树叶吃多了?”小凤梨悄悄问胖章鱼。

“哈哈哈，照你这么想，那吼猴一家也应该是绿色的了?慢悠悠先生身体最外面的毛之所以是浅绿色的，是因为它皮毛的沟槽中生长着一些藻类。这些藻类让慢悠悠先生看起来就像一团绿色的植物，保护它不被天敌发现。”胖章鱼把从小房客那里听来的话说给小凤梨听。

慢悠悠先生还有个嗜（shì）好，就是每天早上到阳光浴场晒太阳。在绿天棚城区的树冠高处，有许多阳光浴场。自身代谢功能差的树懒、吼猴和一些冷血动物，比如蛇、蜥蜴等都是那里的常客。每天天刚亮，喜欢阳光浴的动物居民们就会爬到高高的树顶，找一个阳光充足的地方晒太阳。

可是有一天，小凤梨眺望阳光浴场的时候，在阳光浴场里发现了一位新客人。这位新客人把小凤梨吓坏了。

“天哪，那是什么?”小凤梨的声音都发抖了。

小凤梨忽然看到了一只绿色的恐龙！这只恐龙全长近2米，

身披威武的盔甲，背举棘（jí）刺样的鳞片，再加上那犀（xī）利的目光，简直酷毙了！从太阳刚刚升起的时候，这只恐龙就待在绿天棚城区的阳光浴场里，已经过去一个多小时了，它仍然一动不动，就像一座雕像。

看着绿色的恐龙，小凤梨开始浮想联翩（piān）：恐龙早就灭绝了，怎么会出现在我们的雨林里呢？它不会是穿越到这里的吧？如果我能跟着它再回到恐龙时代就好了……

“小凤梨，你想啥呢？”旁边的鸟巢蕨打断了小凤梨的遐（xiá）想。

“鸟巢蕨，你快看，阳光浴场里有一只绿色的恐龙！”

“你是说正在晒太阳的阿提先生吗？嗨，它可不是恐龙，它是一只长得像恐龙的蜥蜴。”鸟巢蕨解释道。

“啊？不是恐龙啊！”小凤梨有一点点失望。

“当然！我百分之百确认，它不是恐龙。要知道，我们蕨类植物可是从恐龙时代遗留下来的，我们的祖先曾经与恐龙在这个地球上共同生活了很长一段时间呢！那位阿提先生只是一只绿鬣（liè）蜥而已。”鸟巢蕨充满了自信。

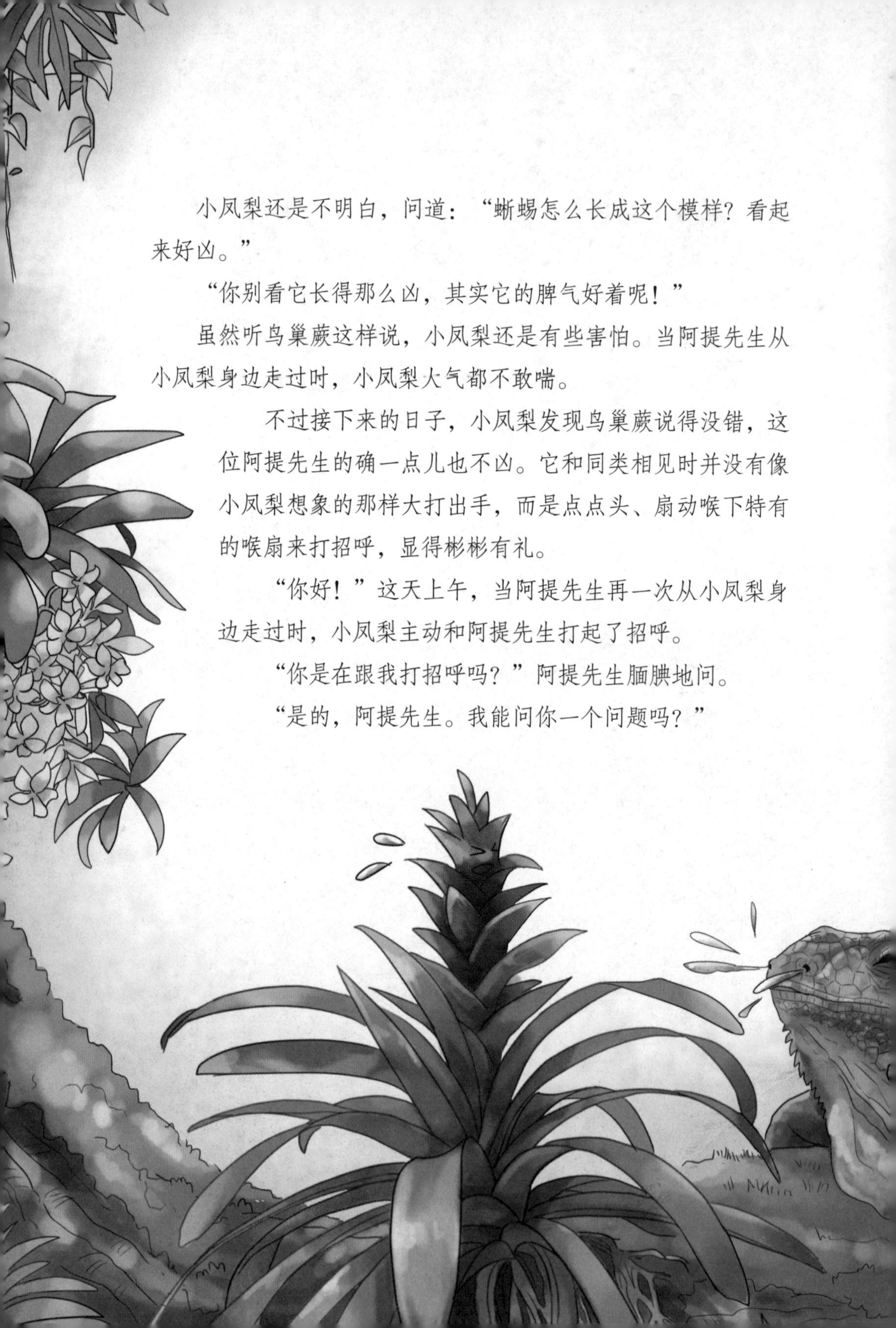

小凤梨还是不明白，问道：“蜥蜴怎么长成这个模样？看起来好凶。”

“你别看它长得那么凶，其实它的脾气好着呢！”

虽然听鸟巢蕨这样说，小凤梨还是有些害怕。当阿提先生从小凤梨身边走过时，小凤梨大气都不敢喘。

不过接下来的日子，小凤梨发现鸟巢蕨说得没错，这位阿提先生的确一点儿也不凶。它和同类相见时并没有像小凤梨想象的那样大打出手，而是点点头、扇动喉下特有的喉扇来打招呼，显得彬彬有礼。

“你好！”这天上午，当阿提先生再一次从小凤梨身边走过时，小凤梨主动和阿提先生打起了招呼。

“你是在跟我打招呼吗？”阿提先生腼腆地问。

“是的，阿提先生。我能问你一个问题吗？”

“没问题，你想知道什么？”

“你怎么那么喜欢晒太阳？”

“噢，是这个问题呀。我和其他蜥蜴及爬行类动物一样，是不能控制自己体温的变温动物。我们上午晒太阳是为了把身体晒得暖暖的，能够打起精神去找食物；下午晒太阳是为了获得足够的热能，把白天吃的食物消化掉。我们家族有句格言：‘我们不在吃饭就在晒太阳，不在晒太阳就在去晒太阳的路上。’我的身体现在变暖和了，不跟你多说了，我要去吃饭了！”说完，阿提先生便向无花果餐厅爬去。原来，阿提先生是一位素食主义者。

下午的时候，阿提先生再次准时出现在阳光浴场。

“阿嚏！”阿提先生打了一个大大的喷嚏。

“阿提先生你感冒了吗？”小凤梨关心地问。

“没有，我是在通过打喷嚏来排出体内的盐，因为我不会像人类那样出汗。阿嚏！”

“噢，是这样啊！”小凤梨明白了。

“哈哈，会打喷嚏的蜥蜴，太逗了！”小豆丁笑出声来，“和这样的动物朋友做邻居，小凤梨一定很高兴。”

“是啊，小凤梨很喜欢这样的邻居。可是，有些邻居小凤梨就不太喜欢，因为它们太吵了，比如吼猴。”故事书说到这里，又把书翻到了另一页，讲起了吼猴的故事。

二趾树懒

慢悠悠先生是一只二趾树懒。二趾树懒早在8000万年前就存在于地球上了，现在主要生活在中美洲和南美洲。树懒根据趾头数量分为两种：三趾树懒和二趾树懒。三趾树懒前后肢均为三趾；而二趾树懒前肢为二趾，后肢为三趾。

二趾树懒以树叶为食。树叶营养少，热量低，二趾树懒需要大量进食树叶才能获得所需的能量和营养。为了尽可能少地消耗能量，它们总是行动缓慢，保持相对较低的体温。

二趾树懒有一个很大的胃，胃里面分成好几个胃室。胃室里生存着细菌、真菌等微生物，能够帮助二趾树懒分解树叶里的纤维素。二趾树懒的肠道很短，但靠近肛门处的肠道变得很宽，大量粪便积聚在那里。所以，二趾树懒八九天才会排泄一次。

食素的绿鬣蜥

阿提先生是绿鬣蜥，是雨林中典型的树栖蜥蜴。成年绿鬣蜥多居住在雨林的绿天棚城区，那里光照充足且相对干燥。

在全世界4000多种蜥蜴中，绿鬣蜥是为数不多的食素者之一。它有能消化粗纤维的消化系统，每天吃大量的绿叶、幼芽、花以及质地较软的水果。

绿鬣蜥的脚趾细长，末端的爪十分尖利，这非常有利于它攀爬树枝，甚至在完全垂直的地方，它也能把自己挂在上面。

在危急时刻，绿鬣蜥和其他蜥蜴一样，尾巴会自行断落。不过，断落后新长出的尾巴可不如以前的长，也没有花纹。

大嗓门吵架

雨林的清晨本来挺安静的，但等到吼猴一家起床后，情况就变了。

吼猴们起床不久，在大嗓门猴王的带领下唱起歌来。它们的歌声实在太难听了，好像一群巨人饿得肚子咕噜咕噜乱叫的声音，隔着老远就能听到。这不，连平时喜欢唠叨的鹦鹉太太都实在忍不下去了，一大早就和大嗓门猴王吵了起来。

“我说大嗓门先生，你能不能别这么吵啊？我快被你吵出心脏病来了！”

“我们练嗓子关你什么事？”大嗓门猴王不客气地说。

“你们讲点儿公德好不好？天刚亮就开始练声，我们还做着梦就被你们吵醒。你们白天唱，晚上也唱，从独唱到二重唱，再变成大合唱，那声音太吵了，简直就是扰民！别人唱歌要钱，你们唱歌真是要命啊！”

“鹦鹉太太，你可得把话说清楚，谁故意扰民了？”猴王扯着大嗓门不甘示弱，“我们家族的成年雄猴都要通过吼叫开始新的一天。我们可不是乱叫，而是通过叫声告诉其他吼猴我们的位置，同时也警告其他猴群远离我们的领地。这叫交流的艺术，你懂不懂？”

“什么交流的艺术啊！难道你们就不能用别的方式交流吗？你看人家松鼠猴，把尿液涂抹在手脚上，这样走过的地方就留下了标记。用这种方式来标记领地不也挺好，既安静又不扰民。”

“啧啧啧，用尿多恶心啊！我们才不学它们呢！说到松鼠猴，你怎么不说它们扰民呢？它们也经常叫啊！你听，它们不是吱吱吱，就是唧唧啾啾，有时还咯咯咯。”猴王越说嗓门越大。

“喂，大嗓门，说你呢，你怎么扯到别人身上了！我们可是有涵养、智商高的居民，这些声音都是有特殊意义的，不像你们只会一个腔调地吼叫。而且我们再怎么叫，声音也没有你们大啊，怎么会打扰别人休息呢？”听到大嗓门猴王批评自己，正在旁边

练攀爬技术的松鼠猴不高兴了。

这时，不知从哪里又来了一群吼猴，似乎想要争夺这块地盘。要是换成别的猴类，早就展开肉搏战了。但是，它们是吼猴呀！只见双方猴王一声令下，两个部落的吼猴各站一边，张开大嘴吼开了。顷刻间，吼声四起，地动树摇，鹦鹉太太和松鼠猴也被震跑了。

最后，新来的那群吼猴在吼声中败下阵来。大嗓门猴王高兴得又唱又跳，可没想到乐极生悲，刚跳了一会儿就哎哟哎哟地叫起来。

"大王，您这是唱的什么新曲儿？我们以前怎么没有听您唱过？"猴王手下的小吼猴不解地问。

"什么新曲儿，我肚子疼！"

小吼猴连忙把大嗓门猴王送到社区诊所。到了诊所，大嗓门猴王傻眼了，今天坐诊的竟然是刚刚和它吵过架的鹦鹉太太！

"你们怎么追到这里来了？我可不想和你们吵架，现在是上班时间！"鹦鹉太太把大嗓门猴王往诊所门外推，"我说你扰民，你也不能打扰我给病人看病吧。"原来，鹦鹉太太误以为吼猴是来捣乱的。

"我、我……"大嗓门猴王肚子疼得厉害，张着嘴说不出话来。

"你、你、你什么啊！嘴张那么大还想吼啊？这可是诊所，要保持安静，别影响其他患者！"

"我们大王肚子疼。"鹦鹉太太好容易从小吼猴的吵吵声中听明白了。

“噢，原来你是来看病的啊！”

检查完毕，鹦鹉太太说：“你这是吃了有毒的东西中毒了，需要吃点儿药排毒。这是药方，只要你吃上几次这种药，保你药到病除。”

大嗓门猴王打开药方一看，鹦鹉太太竟然让它到雨林深处的泥塘里吃泥浆！

“鹦鹉太太，我吵到大家是我不对！看在我们是邻居的分上，请你大人不记小人过，别让我吃泥浆，给我开些排毒药吧！”大嗓门猴王以为鹦鹉太太让它吃泥浆是故意捉弄它。

“我可没那么小心眼儿。实话跟你说，这药方可是我家祖传的。怎么，你还不信？来，我亲自带你去看看。我以我的鸟格发誓，那泥浆就是药！”

“泥浆怎么会是药呢？”大嗓门猴王惊讶地问。

“这要从我们家族的祖传秘方说起。我们家族平时吃的那些果实和种子有好多是有毒的。为了解除毒素，

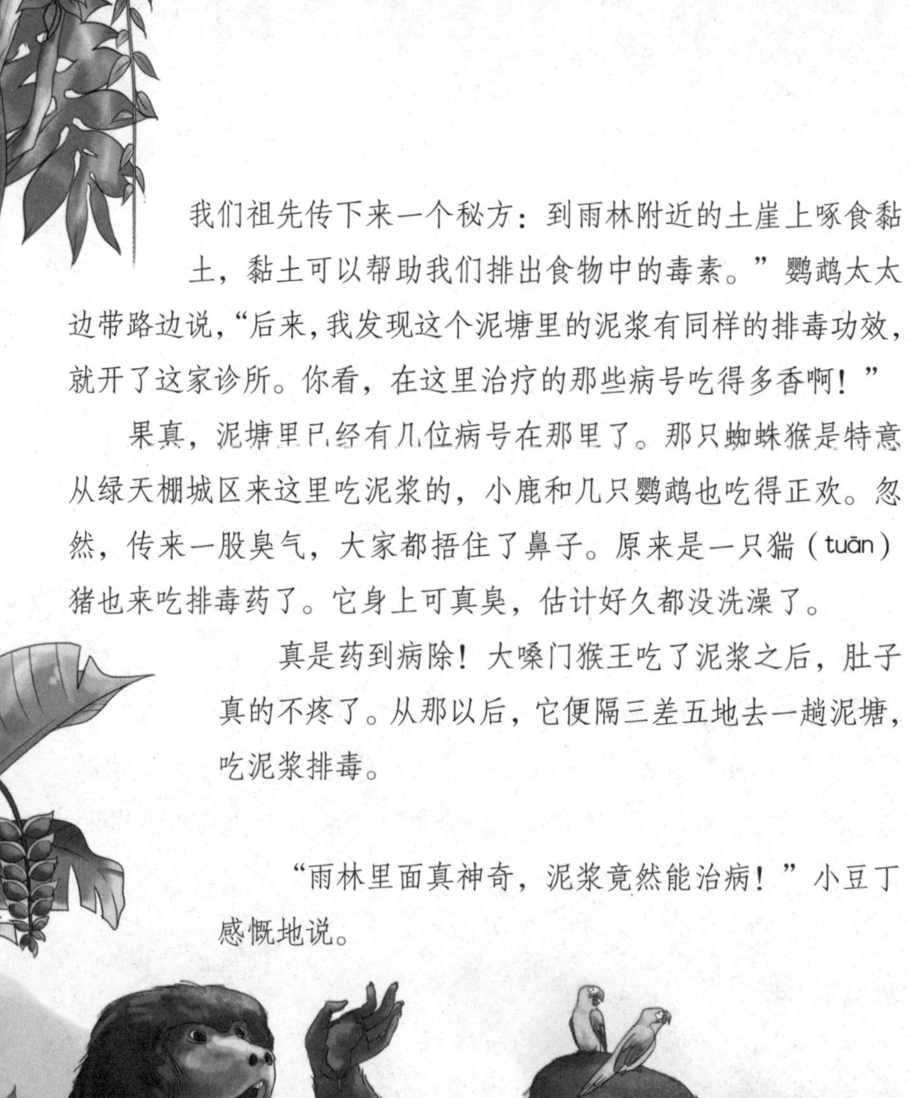

我们祖先传下来一个秘方：到雨林附近的土崖上啄食黏土，黏土可以帮助我们排出食物中的毒素。”鹦鹉太太边带路边说，“后来，我发现这个泥塘里的泥浆有同样的排毒功效，就开了这家诊所。你看，在这里治疗的那些病号吃得多香啊！”

果真，泥塘里已经有几位病号在那里了。那只蜘蛛猴是特意从绿天棚城区来这里吃泥浆的，小鹿和几只鹦鹉也吃得正欢。忽然，传来一股臭气，大家都捂住了鼻子。原来是一只猯（tuān）猪也来吃排毒药了。它身上可真臭，估计好久都没洗澡了。

真是药到病除！大嗓门猴王吃了泥浆之后，肚子真的不疼了。从那以后，它便隔三差五地去一趟泥塘，吃泥浆排毒。

“雨林里面真神奇，泥浆竟然能治病！”小豆丁感慨地说。

“雨林不仅神奇，还有许多热闹的事呢。最热闹的要数无花果餐厅开业。不过，今天时间不早了，明天我再给你讲吧！”故事书看了看窗外。

“明天我可能会晚来一会儿，听妈妈说，我们晚上要出去聚餐。”

“没关系，我会等你的。不过，你要答应我，尽可能不用或少用一次性餐具，尤其是一次性筷子。”说完，故事书像鸟儿一样飞回到书架上了。

“这和讲故事有关系吗？”小豆丁不解地问。

“这和雨林有关系。”书架上传来故事书温柔的声音。

“好吧，我记住了。”似懂非懂的小豆丁点点头，“你明天可一定要等我啊！”

“我一定会等你的！晚安，小豆丁！”

“晚安，故事书！”

猴子们的叫声

绿天棚城区枝繁叶茂，动物们很难靠眼睛看清同伴，因此，声音成为它们交流的一种方式。

吼猴的舌骨特别大，尤其是雄猴的舌骨比相同体形的蜘蛛猴的舌骨大25倍。超大的舌骨和吼猴的下颌组成了一个很大的空间，效果如同扩音器，使吼猴可以发出响亮的吼声。

松鼠猴有自己的语言交流方式。比如，当一只雌猴看不见猴群其他成员时，会发出吱吱吱的叫声，呼唤猴群中的同伴；而唧唧啾啾的叫声则是召唤猴群中所有的猴子跟随前行；咯咯咯的声音，是在提醒猴群中的所有成员，防范其他猴群来侵占领地。

动物排毒有方法

吼猴主要以树叶、水果和嫩枝为食，每天的食量很大。由于树叶里大都含有生物碱和毒素，光靠大肠和盲肠里的发酵菌来消化是不够的。时间长了，大量毒素留在吼猴的体内，会让它们感觉不舒服，因此，吼猴需要定期排毒。同样，喜欢吃类似食物的动物也需要定期排毒。该怎么办呢？

雨林中的动物找到了排毒的好方法，那就是吃土崖上的土和泥塘里的泥浆，以分解掉食物中的毒素。

第三天，小豆丁跟着爸爸妈妈去参加晚餐聚会，直到月亮爬上树梢才回到家。

一进家门，小豆丁就往书房里跑：“故事书故事书，我回来啦！”

那本神奇的故事书正在书桌上等着他呢！

“谢谢你这么晚还在等我。”小豆丁觉得有点儿不好意思。

“当然，我们说好了不见不散嘛。那我们就抓紧时间开讲吧。”说着，故事书哗啦哗啦往后翻了翻，找到一页停了下来。

无花果餐厅的神秘客人

这些日子，小凤梨发现旁边的无花果小区一下子热闹了起来。五颜六色、大大小小的鸟，一些猴子都朝无花果小区聚集过去，连绿鬣蜥阿提先生也去了。

小凤梨知道准是无花果奶奶的餐厅又开业了。由于餐厅里的果子汁多味美，又是免费的，所以，每当开业的时候，喜欢吃果子的客人都来了，整个餐厅座无虚席，连无花果餐厅下面的地面都站满了客人，等着熟透的果子掉下来。

这些客人的吃相也是五花八门。犀鸟每次取食水果时总是把喙高高翘起，然后让无花果滚入喉咙。卷尾猴顽皮好动，一会儿

吃点儿水果，一会儿跳到树上吃藏在枝叶间的蜘蛛和蜥蜴。有洁癖的拇指姑娘倭（wō）狐猴，喜欢手握水果一点点地舔着吃。蝴蝶则喜欢落在多汁的果子上，吸食果汁。

每当这时，无花果奶奶满脸都乐开了花，不停地招呼客人："吃吧吃吧，都来吃吧，吃得越多越好。如果吃不了还可以打包，能带多少带多少。"

"您的生意可真好！"趁着这一会儿没来新客人，小凤梨和无花果奶奶聊了起来。

"是啊，今年收成好，果子多，所以客人也多。"

"有一个问题我没想明白，您的无花果餐厅什么时候开业，客人们是怎么知道的？"

"客人中有食探啊！它们时刻关注着附近的每家餐厅，并且经常去试吃，看看果子熟了没有。一旦这些食探发现哪家的果子成熟了，便会招呼同伴前来进餐。"

"我看到您的餐厅里还有一些远道而来的客人，它们又是怎么知道的呢？"

"当我的果子宴准备好了之后，我就会打开广告灯，吸引客人们前来就餐。"

"您还有广告灯？"小凤梨惊讶地瞪大了眼睛。

"对呀！你在这里肯定看不到。如果从空中看，无花果成熟时，果子会由绿色变成橘黄色或红色，就像在树上挂了一盏盏橘黄色或红色的灯，非常醒目。喜欢吃果子的动物看到这些灯，就会过来啦。"

天色渐渐暗下来，客人们陆续离开了，但无花果餐厅并没有关门歇业。要知道，雨林里的好多餐厅都是24小时营业的。这时，忙碌了一天的动物们大都回家睡觉了。小凤梨困得直打哈欠，可它还硬撑着不睡，因为它听无花果奶奶说，夜里会有许多神秘的客人来餐厅用餐，它想看看到底是些什么样的客人。

小凤梨边打哈欠边问无花果奶奶：“您说的那些神秘客人什么时候来啊？它们是什么客人？”

“它们呀,是一群会飞的小狐狸！”无花果奶奶回答。

“会飞的小狐狸？它们长什么样？”

“等一会儿你就知道了。”

可是，直到月亮升到半空中，星星们都出来眨眼睛了，那些神秘客人也没有出现。

小凤梨实在太困了，终于等不及睡着了。

小凤梨刚进入梦乡，远处就传来呼啦呼啦的声音，成千上万的客人朝餐厅飞来。

原来，无花果奶奶说的神秘客人是一群果蝠——果蝠学院的院长和它的学生们。这些天，它们每天夜里都来这里用餐。

果蝠与别的蝙蝠不一样，它们有一对大大的眼睛，脸部长得有点儿像狐狸。难怪无花果奶奶把它们称为“会飞的小狐狸”呢。

果蝠们灵巧地在树枝间穿梭，美美地吃起来：有的盘旋着咬住果子；有的用一只脚抓住枝条，用另一只脚把果子拉到胸前再咬食；有的干脆把果子拿到一个安静的地方，再倒挂着细细品尝；有的直接把果子吞到肚子里；有的在口中压碎果肉吞下果汁，再吐出果肉和种子；有的只吞入较软的果肉；还有的像超级果汁吮吸机一样吮吸着果汁。

看果蝠们吃得差不多了，无花果奶奶才对它们说：“我有个好消息要告诉你们。”

“我们也有个好消息。”果蝠院长开心地回应道。

“先说说你们的好消息！”无花果奶奶就是心急。

“雨林哺乳动物‘人口’普查结果出来了。您猜‘人口’最多的是哪个哺乳动物家族？”果蝠院长问。

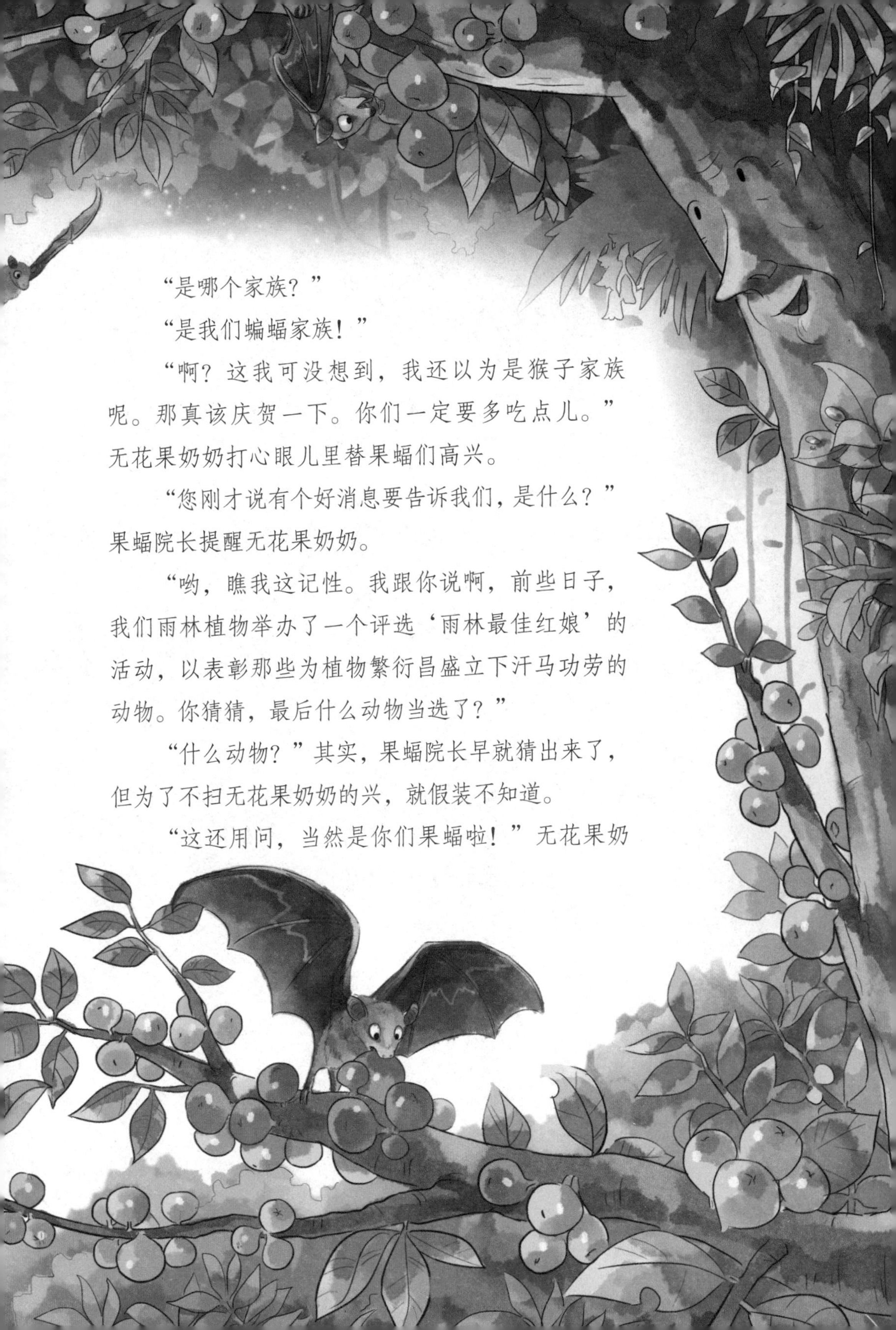

“是哪个家族？”

“是我们蝙蝠家族！”

“啊？这我可没想到，我还以为是猴子家族呢。那真该庆贺一下。你们一定要多吃点儿。”无花果奶奶打心眼儿里替果蝠们高兴。

“您刚才说有个好消息要告诉我们，是什么？”果蝠院长提醒无花果奶奶。

“哟，瞧我这记性。我跟你说啊，前些日子，我们雨林植物举办了一个评选‘雨林最佳红娘’的活动，以表彰那些为植物繁衍昌盛立下汗马功劳的动物。你猜猜，最后什么动物当选了？”

“什么动物？”其实，果蝠院长早就猜出来了，但为了不扫无花果奶奶的兴，就假装不知道。

“这还用问，当然是你们果蝠啦！”无花果奶

奶笑了，“而且呀，为了表示感谢，我们还特意联名给你们制作了一个证书呢。给！”

“我来念！我来念！”不等果蝠院长说话，果蝠学院的“黑衣侠”——块头最大的大飞狐就抢先一步，打开证书念了起来：

雨林最佳红娘证书

我们联名推举果蝠当选“雨林最佳红娘”，因为我们必须靠它们授粉或是散播种子才能传宗接代、广泛扩散，它们为我们植物家族的兴旺立下了汗马功劳。

特发此证，以表谢意！

落款签名有木棉、榴梿、杧果、丁香、番石榴、无花果和腰果等树。

“诸位同学，为了庆祝今天的双喜临门，我们来场竞赛吧，看谁第一个找到蜜杯。”果蝠院长的提议得到学生们的一致赞同。

于是，一场别开生面的竞赛开始了。

“找蜜杯？蜜杯是什么呀？”小豆丁好奇地问。

“就是盛满花蜜的花朵啊。”故事书解释道。

“噢，我知道了。你快接着讲吧！”

果树种子的传播者

在雨林的绿天棚城区，有很多树都长着可以食用的果子。每当果子成熟的时候，就有很多动物来吃。这些果树主要依靠动物为它们传播种子。

种子外面包裹着香甜的果肉，总是能吸引猴子、犀鸟、鹦鹉、唐纳雀和巨嘴鸟等前来觅食。它们大多只吃果肉，肉核（也就是种子）会随口丢掉。即使有些肉核被一些动物吞到肚子里也不怕，最终还是会被排出体外的。由于动物们每天会走很远的路，这样无意间就帮果树把种子传播到了远方。

雨林最佳红娘

蝙蝠在热带雨林的生态系统中发挥着举足轻重的作用。雨林里的很多植物都必须靠食蜜或食果子的蝙蝠才能授粉或者传播种子。

生活在热带雨林的果蝠们，一夜之间就能吃掉相当于自身体重两倍的果实。它们在飞行的途中会随时排便，藏在粪便中的植物种子就可以被散播到广阔的区域。

蝙蝠的飞行能力很强，小蝙蝠一夜之间也能飞行37千米以上。因此，蝙蝠散播种子的距离，要比其他动物远得多。而且有些植物的种子，只有经过蝙蝠胃的消化后才能发芽。

找呀找呀找蜜杯

“到了晚上，蜜杯里还会有蜜吗？花蜜不会白天就被蜜蜂、蝴蝶、蜂鸟它们给吃光了吧？”黑衣侠身边的小阿福担心地问。

小阿福是刚进入果蝠学院的新生，这是它第一次跟大哥哥大姐姐们出来吃果子、采花蜜。

“不必担心，蜜杯多着呢。有些花老板白天不营业，到了晚上才开放，就是为了招待我们这些晚上用餐的客人。”

黑衣侠说得没错，在雨林里，除了水果餐厅是24小时营业外，还有一些花蜜店只在夜间开放，比如榴梿的小蜜吧、轻木的甜品小店等。

“这些夜间开花的植物可贴心了，它们的花蜜特别多，喝一杯就很过瘾。它们怕我们在黑暗中找不到它们的蜜吧或甜品小店，特意让花朵长得大大的。还专门为我们准备了又大又结实的花瓣椅，好让我们舒舒服服地趴在上面喝花蜜。”

“真的吗？那我们怎样才能找到它们呢？”小阿福又问。

“你只要睁大眼睛、开启嗅觉搜寻系统就行了。咱们中的大多数都没有雷达系统，但视力和嗅觉超棒！”

“我有雷达系统哦！”小阿福很骄傲地说。

“啊，原来你是那少部分啊！那就更好了，你准能第一个找到蜜杯。”

小阿福在黑衣侠的指点下，一边开启雷达系统，一边睁大眼睛，在黑暗中搜寻起来。很快，它发现了一个小蜜吧，那里摆着好多铃铛状的小蜜杯。小阿福飞过去，扑扇着双翼，像小蜂鸟一般悬停在小蜜杯旁，用长长的舌头吸食起花蜜来。

黑衣侠也很快凭借自己的大眼睛和灵敏的鼻子，找到了一个摆满蜜杯的甜品小店。它飞过去，趴在花瓣椅上，将头探到蜜杯里，伸出长长的舌头，美美地喝起来。

“我宣布，第一个找到蜜杯的是小阿福！第二个是黑衣侠……”就在果蝠院长宣布竞赛结果的时候，一大一小两个身影出现在地面城区。这两个不速之客愣是把果蝠学院的颁奖典礼给搅黄了。

貘妈妈告状

那个大个子一到树下，就扯着嗓子对上面喊起来：“你们谁管事啊？快出来，别做完坏事就装没事一样！”

“快看快看，貘太太带着它的孩子来了！”果蝠们纷纷飞到低矮的树枝上。

“瞧，貘宝宝穿着迷彩衣。”

“嗯，听说这是貘宝宝专用的伪装服。”

“瞧那肥胖的身体，小小的眼睛，四条细腿，还有能伸缩的长鼻子。你们觉得它们长得像什么？”

“我觉得像短鼻子象。”

“不，我觉得像猪。”

听到果蝠们的议论，貘太太更是气不打一处来：“什么短鼻子象，什么猪，我们是貘！”

“什么？你们到底是什么？”两只淘气的果蝠故意逗貘太太。

“好了，都回到上面好好待着，别在这里看热闹。”果蝠院长飞到低矮的树枝上，把学生们赶走了，然后问貘太太，“您找我有什么事？”

“什么事？看看你的学生干的好事！”貘太太把宝宝一把扯过来，指着它耳朵后面，气鼓鼓地说，“看把我孩子咬的，这得流多少血啊！”

借着透过枝叶的月光，果蝠院长看到，小貘的耳朵后面有一个小伤口，四周还有一些血迹。

“刚才我外出找吃的，把宝宝藏在一片灌木丛下，没想到回来时，宝宝就成这样了。听邻居猫头鹰说，我走后不久，就飞来一只蝙蝠，落到我宝宝的耳朵后面吸血。

“我宝宝得吃多少补品才能补回来啊！这么小的孩子，你们怎么下得去口！”

“貘太太，您别着急。我对貘宝宝的遭遇深表同情。可这事不是我的学生干的，我保证！如果是我的学生干的，我情愿让你把我清蒸或红烧，怎么着都行。”

“哼，我可不像你们那么野蛮，我们貘是素食者，一点儿肉都不吃。”貘太太气哼哼地说道。

“貘太太您别生气，我百分之二百地向您保证，这绝对不是我们学院的学生干的！”

“猫头鹰都看见了，就是蝙蝠干的。它还挺会找，专在耳朵后面下口。也不知道它用了什么招数，施了什么魔法，我宝宝竟然一点儿也没有察觉！”

“据我所知，它并不会什么魔法，而是它的唾液中含有麻醉成分。所以它咬您宝宝的时候，您宝宝不会感觉到痛。”

“你知道的这么清楚，还说不是你们干的！”貘太太一听，觉得自己找到了有力的证据。

“貘太太您不能这么说啊，真不是我们干的。我来帮您分析一下，您也知道，你们貘的皮肤比较厚，咬您宝宝的吸血鬼，肯定有锋利的牙齿，这样才能咬破它的皮肤。而我的这些学生，您看看，哪一个有锋利的牙齿？”

貘太太狠狠地白了果蝠院长一眼，果蝠院长假装没看见，换了个位置后，继续说道：“还有啊，听说这种会吸动物血的蝙蝠，鼻子是向上翘的，可以保证吸血的时候呼吸正常。而我们的口鼻大多长而细，适合吸食花蜜。”

“难道真不是你们干的？”貘太太的口气不再那么强硬了。

“我不都向您保证过了吗？我们是果蝠，只吃花蜜和果子。”

“你没骗我？谁能给你们做证？”貘太太还是有点儿不相信。

“我们都可以做证！貘太太，您真是冤枉它们了。它们是果蝠学院的果蝠，吸您宝宝血的应该是吸血鬼学院的吸血蝙蝠。”周围蜜吧店的花老板们已经听了好一阵了，它们早就想插话了。

“闹了半天是我弄错了，真是不好意思！”貘太太赶忙道歉。

“幸亏您是找我告状，要是去了吸血鬼学院，只怕你们娘俩的血都不够它们全院学生喝的。”

果蝠院长的一番话，让貘太太感到后怕。为了安慰貘太太，果蝠院长采了一大堆果子送给它。貘太太这才高高兴兴地带着儿子走了。

貘太太刚走，不远处就传来一个稚嫩的声音：“爸爸，我们去哪儿？”

“这好像是一个电视节目！”听到这里，小豆丁想起了曾经看过的一个综艺节目。

“这个呀，可不是你们人类的综艺节目，而是一对雨林动物父子的真实故事。”故事书一边说，一边哗啦哗啦地翻着书，“找到了，就是它们！蜜熊先生和它的儿子。”

故事书让小豆丁看的那一页上，画着两只蜜熊。

贴心的花老板

大多数果蝠都没有回声定位系统，也就是没有雷达系统，它们主要依靠视觉和嗅觉来寻找食物。有的果蝠，视力可与老鹰的媲（pì）美，在 2000 米外就能发现花。

靠蝙蝠传粉的植物，大多数都把自己装扮得很显眼，好让蝙蝠在夜间也能找到它们。

依靠蝙蝠传粉的花大小不同，有一些很大，而且拥有比较粗的花蕊；另外一些则具有使劲儿向外展开的花瓣，好像是特意为蝙蝠喝蜜准备的花瓣椅。这些花都有大量的蜜和花药，蝙蝠喝蜜的时候，花粉会撒到蝙蝠的头、肩和脸颊上。等蝙蝠飞到另一株植物那里采食花蜜时，就可以把花粉传授给其他花。

会飞的“吸血鬼”

有些种类的蝙蝠，喜食哺乳动物和鸟类的血，有时也吸人血，被称为“吸血蝙蝠”。它们昼伏夜出，长有锋利的门齿和尖锐的犬齿，会让人联想到幻想故事里的吸血鬼。

吸血蝙蝠的鼻子里有一种独特的结构，能够灵敏地感觉到血液的热量，从而知道动物身体的哪个部位血管最接近表皮。它们一旦选中合适的部位，便会用锋利的门齿将皮肤割开一个小口，等血流出来，就开始享用鲜血大餐。吸血蝙蝠在吸食动物血或者人血的过程中还会传播疾病，比如狂犬病等。

雨林生态工程师

貘是雨林中形态比较特别的一种动物，它们看起来像猪，但块头比猪略大，鼻子圆长，可以伸缩，尾巴很短，皮肤比较厚。貘胆小羞涩，喜欢夜间出来活动，在雨林中取食嫩枝、嫩叶、果实及水生植物。

貘的活动会对植物群落产生影响。取食的时候，它们会踩踏毁掉一些比较低矮的植物。雨林中很多地方的地面植物过于繁茂，不利于生长，貘的踩踏可以使植物过密的情况得到改善，有利于雨林的生态健康。貘的消化能力很强，能消化掉那些比较厚的果皮和果肉，排出种子，成为植物种子的免费传播者，所以有人把貘形象地称为“雨林生态工程师”。

爸爸，我们去哪儿

“爸爸，我们去哪儿？”小蜜熊睡眼惺忪，不停地打着哈欠。

“儿子，我们要去轻木小姐的甜品小店。”蜜熊先生温柔地看着小蜜熊，水汪汪的大眼睛在黑暗中晶莹发亮，“不过，出发之前，我们先来做一遍‘搏击操’。来，像我这样躺在树枝上，左右手互搏，后腿连蹬带踢，一会儿咬左手一会儿咬右手，一会儿使劲抓腹部的毛。”

小蜜熊觉得这“搏击操”特别好玩，连忙学着爸爸的样子做了起来 。

不过，蜜熊先生并没有告诉儿子，做“搏击操”可不是为了好玩，而是在发布信息。因为在它们的嘴角、喉部以及腹部没毛的部位，都分布有嗅腺，能分泌臭臭的液体。通过做“搏击操”，蜜熊可以把体味传出去，告诉别的蜜熊，这个地盘已经有主人了，请勿侵扰。或者告诉异性同类，我在这里等你呢。

活动完身体，小蜜熊催促爸爸：“咱们赶紧去甜品小店吧。”

“好，我带你去喝饮料。”

轻木甜品小店是一家专门经营花粉和花蜜的小店，店主是植物界有名的轻木小姐。轻木小姐很细致，把花粉、花蜜等甜品都装在大大的花朵杯里。

“欢迎光临！您身后跟着的是——”轻木小姐热情地向蜜熊先生打招呼，“哟，您的宝宝也来了。”

蜜熊先生饿极了，不等轻木小姐招待，就自己挑了一个大花朵杯，享用起花蜜来。它将细长的舌头探入花心，仔细地舔食着。小蜜熊学着爸爸的样子，也把头探向花朵，美美地吃起来。

“爸爸，轻木小姐准备的花蜜真好吃！”小蜜熊一边吃一边奶声奶气地说。

“是啊，我们要谢谢轻木小姐。”

“谢谢轻木小姐。”小蜜熊把头从花朵上抬起来，它的鼻头和嘴上都沾上了花粉。

“你们真是太客气了！你们来我家吃花蜜，就是在帮助我呀！你们舔食花蜜的时候，也帮我传授了花粉。”轻木小姐甜甜地说。

吃饱喝足后，蜜熊父子在树上做起了游戏。它俩一会儿跳来跳去，一会儿用尾巴倒挂在树枝上。过了一会儿，淘气的小蜜熊竟拍打起爸爸的脑袋来。可蜜熊先生一点儿也不气恼，仍然耐心地陪儿子玩。

“蜜熊先生，您可真是个好爸爸，不仅陪儿子做游戏，还对儿子那么有耐心。”

“呵呵，这是应该的啊。我们蜜熊与大多数哺乳动物不一样，我们发育成熟后，女孩子要离家独自生活，男孩子却可以留下来。做爸爸的不仅会把自己的领地交给儿子，还会陪儿子做游戏，蜜熊妈妈却从不管这些。过一会儿，我还要带小蜜熊去无花果餐厅转转。谢谢您的花蜜！再见，轻木小姐！”

“爸爸，我们现在去哪儿？”星空下的雨林里，又响起小蜜熊奶声奶气的声音。

“小蜜熊的爸爸真好！”小豆丁发自内心地赞叹道。

“是啊，有父母保护是幸福的。但雨林里的动物要想生存下去，必须练就独自闯荡雨林的本领。下面，我就给你讲讲小懒猴第一次独自外出的故事吧。”说着，故事书翻到了画有小懒猴的那一页。

懒宝死里逃生

懒宝是一只小懒猴，住在雨林的绿天棚城区。它长着一双圆溜溜、亮晶晶的大眼睛，眼睛周围还有大熊猫一样的灰黑色眼圈，看起来很像小浣熊。

懒猴动作特别慢，完全不像其他种类的猴子那么机灵敏捷，一举手一抬足都是慢吞吞的。

“老妈，为什么我们总是这么慢？灵长班的同学又笑话我了，说我一点儿也没有猴子的灵气，慢得像是树懒的亲戚。”从夜校回来，懒宝委屈地对妈妈说。

“别听它们乱说，我们怎么可能是树懒的亲戚？我们是灵长类！”妈妈很认真地对懒宝说，“你怎么不和它们玩‘我们都是木头猴’的游戏呢？玩这个它们谁都比不过你。”

“‘一二三，我们都是木头猴，谁先动了谁就输！’您说的就是这个游戏吧？”懒宝问道。

大多数哺乳动物如果保持一个姿势，一动不动地待上几小时，就会因为血液循环不通畅导致肌肉麻木，而懒猴却不会。所以，要是和同学们玩这个游戏，懒宝肯定赢。

“它们还说，我动作这么慢，早晚会变成雕像。”

“变成雕像怎么了？变成雕像说不定会救我们的命呢！去吧，儿子，今晚老妈允许你自己出去找吃的。”

哇，真是太棒了！老妈终于答应懒宝独自外出了，这可是懒宝盼望已久的事。

懒宝高高兴兴地出了门。它大大的眼睛具有出色的夜视功能，虽然林子里很暗，但它很快就发现了几个野果和一枚鸟蛋。吃完这些，它又瞪着萌萌的圆眼睛，在黑暗的枝叶间搜寻起来。忽然，它发现前方几米外的树枝上趴着一只大蚂蚱。

懒宝看了看周围，有一根树枝正好通向蚂蚱所在的地方。它深吸一口气，慢慢地抬起右前肢，1、2、3……数到12时放下；再迈出第二步，1、2、3……数到12时放下，然后走第三步。懒宝尽

可能慢地移动，不碰到两侧的枝叶，不发出任何响声。因为老妈天天教育懒宝，走路时一定要慢，每走一步要数 12 个数才可以。

就这样，它一点点靠近目标，一点儿声音都没有弄出来。那只蚂蚱毫无察觉。1 步、2 步、3 步……懒宝与蚂蚱之间的距离越来越近，只剩下一跳的距离了。懒宝定了定神，静了静心，深吸一口气，猛地向蚂蚱扑去，一只肥蚂蚱到手了！

别看懒宝平时动作慢，它捕猎的动作却一点儿都不慢。

老妈说得没错，该慢的时候要慢，该快的时候也一定要快。

自己第一次捕捉猎物就成功了，懒宝非常兴奋。它正津津有味地吃着蚂蚱，忽然，四周一阵骚动，空中传来阵阵警报声，那是附近的懒猴发出来的："叽叽，注意，注意，有一只金棕椆狸向东边走去，请大家注意！"

金棕椆狸也是夜间出来活动的动物，喜欢吃野果，有时也会吃无脊椎动物、小型脊椎动物。可怕的是，它们还喜欢吃懒猴！

东边正是懒宝所在的位置，当它听到警报时，金棕椆狸已经离它很近了。懒宝抬腿想逃，1、2、3……当它数到12要迈下一步时，金棕椆狸已经出现在离它不足6米的树枝间了。懒宝意识到，自己怎么也不会跑过敏捷的金棕椆狸的。怎么办？

"儿子，别忘了'我们都是木头猴'！"忽然，它的耳边响起了老妈的话。

"对呀，我怎么把这个忘了！"于是，懒宝趴在离金棕椆狸不远的地方，就像雕像一样，即使有树叶飘落到它身上，它也一动不动。

懒宝感觉到金棕椆狸的目光从它的身上扫过来扫过去，有那么几分钟，甚至还停留在它身上，但最终又移开了。

金棕椆狸怎么也不会想到，就在离它不远的地方，有一只小懒猴正一动不动地趴着。

没有发现什么猎物，金棕椆狸悻（xìng）悻地转身走了。

懒宝没敢马上动弹，直到四周传来警报解除的声音，它才又“活”了。

“一二三，我们都是木头猴！哈哈，懒猴的生活方式真有趣！”小豆丁忍不住学起懒猴来。

“是啊，每种动物都有自己独特的生活方式。”会讲故事的书似乎又想起了什么，“接下来，我再给你讲个小雨蛙遇到‘外星人’的故事吧！”

喜欢慢生活的懒猴

懒猴生活在热带雨林及亚热带阔叶林中，绝大部分时间都在树上生活，极少到地面活动。它们行动特别缓慢，每走一步，中间都要停一停。动物学家发现，懒猴挪动一步，需要12秒。只有受到攻击或捕食时，懒猴的动作才会快一点儿。

懒猴通常白天蜷成球躲藏在树洞里，或趴在枝丫上歇息，晚上出来觅食。它们主要吃各种果实，有时也会捕食昆虫、小鸟等，尤其喜欢吃蜂蜜。

懒猴捕猎的成功率很高。它们会小心翼翼地慢慢向猎物靠拢，不发出声响，一旦猎物进入抓捕范围，就会以迅雷不及掩耳之势扑向猎物。

懒猴还有一个特殊本领，就是胳膊肘内侧的腺体能够分泌毒素。它们梳理毛发时，毒素就会被涂抹到身体其他部位，可以用来对付捕食它们的敌害。

小雨蛙遇到“外星人”

咕噜咕噜咕噜……

小雨蛙睁开眼睛，四周已经完全黑下来了。小雨蛙睡了一天，现在到了起床吃饭的时间了。咕噜声就是从它的肚子里发出来的。

远处不时传来雨蛙们的歌声，好多雨蛙都会趁着夜色相亲。不过，这只小雨蛙还不想相亲，它想先填饱肚子，然后去找“外星人”。

小雨蛙听说雨林里住着一个小小的“外星人”，白天的时候不出来，只在夜里才出现，但是没谁知道“外星人”长什么样。

小雨蛙张了张嘴，接着伸了伸左腿，又伸了伸右腿，然后来了几个蛙跳。做完热身运动后，它出发了。

小雨蛙喜欢吃虫子，它爬到一根高高的树枝上，四下搜寻着目标。突然，一只飞蛾从左前方出现，向右边飞去。小雨蛙紧紧盯着目标，正准备出击时，不知从哪儿跳出来一个小黑影，抢在小雨蛙前面捉走了飞蛾。

小雨蛙吧嗒吧嗒嘴，气恼地想，是谁这么讨厌，跟自己抢吃的！

小雨蛙决定一探究竟。

刚才那个黑影一闪而过，小雨蛙只感觉那是一个毛茸茸的褐色小毛球，身后拖着一条又细又长的尾巴，有点儿像胖胖的小老鼠。

从没听说过小老鼠能跳那么远，也没听说过小老鼠捕飞蛾吃啊。小雨蛙越想越好奇，就悄悄跟在“胖老鼠”的身后。

“胖老鼠”可真能跳，就像小小的皮球，从这根树枝跳到那根树枝，从东跳到西，从左跳到右，那弹跳的功夫，啧啧，一点儿不比小雨蛙逊色。而且，这家伙还挺能吃，一会儿工夫就吃了10只昆虫。

最后，那只“胖老鼠”终于停了下来，用四肢抱住一根树枝，耳朵转来转去地在收集声波。

突然，在小雨蛙没有防备的情况下，“胖老鼠”转过头来。

小雨蛙的心脏怦怦地猛跳了两下，因为那根本不是老鼠，而是圆脑袋、

大眼睛的“外星人”！而且，“外星人”的身子没有转动，只是脑袋转了180度！

“你好，小雨蛙。”“外星人”竟然说话了。

“你，你好。啊，你知道我在你身后？”小雨蛙的心脏又怦怦地猛跳起来。

“当然，我早知道你一直在跟着我。”“外星人”得意极了。

“你能把身子转过来吗？你这个样子，我有点儿……”小雨蛙不好意思地用舌头舔了一下眼睛。

听了小雨蛙的话，那个“外星人”转过身来，正对着小雨蛙问道：“你为什么一直跟着我？”

“你就是大家说的那个‘外星人’吗？”小雨蛙兴奋地问。

“哈哈，你听谁说的？我可不是什么外星人，我叫眼镜猴。不过几年前雨林里倒是来过一些人，想请我去演外星人。可我一离开雨林就水土不服，浑身难受，他们只好把我送回来了。听说后来他们就按我的模样设计了一个外星人形象。”

“噢，原来是这样啊。对了，你刚才说你叫什么？眼镜猴？还有这么小的猴子啊！”

“是啊，我长得比较娇小。”

“我看你喜欢吃飞蛾和蟋蟀。”

“嗯，我是纯粹的肉食者，飞蛾、蟋蟀、蚂蚱等昆虫我都喜欢吃。”

“你的弹跳功夫真棒！”小雨蛙想起刚才的那一幕，不由得称赞起来。

“是啊，我后腿的跗（fū）骨很长，能跳过相当于身长40倍的距离呢。”

“嗯，我的跗骨也很长，所以我的跳功也不错。看来，咱俩还挺像的。”小雨蛙惊喜地叫起来，“你的眼睛可真够大的！”

“有人计算过，说如果按身体比例来算，我们眼镜猴的眼睛是哺乳动物中最大的，大的都没法在眼眶里转动。好在我们的脖子很灵活，可以转过来转过去，能转360度呢。”

“啊，那你们和猫头鹰一样，它们的脑袋也会转。”

“千万别跟我提猫头鹰！我最怕猫头鹰了，它会把我当成小老鼠吃掉。”

“好，咱们不提它。其实，我也怕猫头鹰。”小雨蛙的声音变小了。

忽然，远处传来吱——吱——的声音。“呀，我的哥哥姐姐在叫我了，我得赶紧回家了。”眼镜猴对小雨蛙说。

“你的家在哪儿？”

“就在前面那棵大榕树的树洞里。白天，我们就在那里睡觉，只有晚上才出来找吃的。再见！小雨蛙。”

“再见！眼镜猴。”

现在小雨蛙知道了，传说中的外星人，其实是长着大眼睛、会像青蛙一样跳跃、喜欢吃虫子的眼镜猴啊！

“小雨蛙和眼镜猴竟有这么多共同点，真是太有趣了。”小豆丁说。

“还有一个共同点没说，它俩都怕蛇，因为蛇会吃它们。”

“雨林里的动物是不是都怕蛇？”其实，小豆丁也挺怕蛇的。

“也有不怕蛇的，比如它。”故事书翻到一张图片，小豆丁看到了一只很大很大的蜘蛛。

捕鸟蛛大战矛头蝮蛇

今晚矛头蝮蛇倒霉透了，都过去大半夜了，还没有找到吃的。矛头蝮蛇把这一切都归罪到捕鸟蛛身上。

矛头蝮蛇可是雨林里有名的毒蛇，名气很大。但自从捕鸟蛛登上“雨林名蛛堂”，并被大家封为“蛛蛛大侠001”后，矛头蝮蛇便觉得自己的人气大不如以前了。它一看到捕鸟蛛瞪着八只眼睛，一副趾高气扬的样子，气就不打一处来。它决定找机会好好教训教训捕鸟蛛。

一天放学的路上，矛头蝮蛇听到捕鸟蛛很霸气地对班里同学说，它谁都不怕，就算矛头蝮蛇到它家，它也不怕。

“哎呀呀，不知天高地厚的家伙，真是气煞（shà）我也！”一怒之下，矛头蝮蛇拦住了捕鸟蛛。

“你刚才说什么？你不就是一只小小的蜘蛛吗？再大能有我大？再毒能有我毒？我可是毒物学校的高才生，南美洲最危险的毒蛇！鸟类、青蛙、蜥蜴统统都怕我。你算老几啊？

“你也好意思叫捕鸟蛛？什么捕鸟蛛，明明就是一只个头儿大一点儿的蜘蛛。别人不知道，我还不知道啊，你捉到的鸟都那么一点点大。有本事，你捉只猫头鹰让我看看！”矛头蝮蛇说起话来像连珠炮一般。

捕鸟蛛竟然一点儿也不生气：“你是老大行了吧？

我怕你行了吧？哎呀，不好，拟蚺（rán）蛇来了！”

“啊！在哪儿在哪儿？”矛头蝮蛇吓得直哆嗦，它最怕拟蚺蛇了，因为它的毒液对拟蚺蛇根本不起作用。

“哈哈，骗你呢！”说完，捕鸟蛛不紧不慢地走开了。

“你竟敢骗我，你这只臭蜘蛛！”望着捕鸟蛛远去的背影，矛头蝮蛇又羞又恼。

就是这一次，捕鸟蛛让矛头蝮蛇在同学们面前蛇面尽失，地位一落千丈。

今晚，矛头蝮蛇又想起那天令它气恼的一幕，气得它牙根直痒痒。听说捕鸟蛛就住

在附近，它暗想：如果这时让我遇到它，我一定要好好收拾它！

矛头蝮蛇一边想一边继续寻找猎物。茂密的树冠几乎遮挡住了全部月光，雨林里漆黑一片。但这对矛头蝮蛇来说不是问题，它除了具有极佳的夜视能力，还有一种特异功能——利用位于眼睛和鼻孔之间的一对热感应器官，来感知温血动物身体发出的红外线。这种特异功能使它在黑暗中也可以发现猎物。

忽然，矛头蝮蛇发现一个地洞，它觉得那像是老鼠洞，说不定里面藏着老鼠呢。它高兴地向洞口爬去，没有注意到洞口的蛛丝和门口的牌子，牌子上写着“蛛蛛大侠001的家”。洞口的那些蛛丝，正是捕鸟蛛布下的报警装置。

矛头蝮蛇兴奋地钻进了“老鼠洞”：“小老鼠，我来了，你别想溜掉！”

矛头蝮蛇虽然可以灵敏地感知温血动物，却很难感知冷血动物。所以，在黑暗的洞里，矛头蝮蛇并没有发觉捕鸟蛛的存在。

洞里的捕鸟蛛呢，早已通过报警装置得知了矛头蝮蛇的到来，它还通过腿上的细毛知道了来客的爬行速度和位置。

“来得正是时候！你这是自己送上门来找死啊！上次放了你一马，这次我可饶不了你！”捕鸟蛛做好了发动袭击的准备。

等矛头蝮蛇发现洞的主人是捕鸟蛛时，正想采取报复行动。没想到，说时迟那时快，捕鸟蛛一个饿虎扑食，将一对毒牙狠狠地插入了矛头蝮蛇的背部。毒液很快起作用了，矛头蝮蛇挣扎着退到洞外，不一会儿就失去了知觉。

“雨林里的动物还有很多故事，今天就先讲到这里吧。”故事书合上了书本，“其实，雨林里的植物也很有故事，它们比人类想象的要聪明多啦，为了生存或者传宗接代，想出了种种奇妙的方法和策略。明天，我专门给你讲讲那些聪明植物的故事。”

“那一定很有趣。”

“当然。不过，你要答应我一件事。从现在开始，节约每一滴水。比如，可以用洗过菜的水浇花，用洗过衣服的水冲马桶，还要让爸爸妈妈也这样做。”说完，故事书又像鸟儿一样飞回到书架上。

“这和讲故事有关系吗？”小豆丁不解地问。

“这和雨林有关系。”书架上传来故事书温柔的声音。

“那好吧，我记住了。”似懂非懂的小豆丁点点头，“你明天可一定要接着给我讲故事啊！”

“当然，我保证！晚安，小豆丁！”

“晚安，神奇的故事书！”

雨林里的“外星人”

眼镜猴也叫跗猴，是最古老的陆地动物之一，属于濒危动物。

眼镜猴的最奇特之处就是它的眼睛。它小小的脸上，长着两只圆溜溜的大眼睛，眼球的直径超过1厘米，和小小的身体极不相称。那双大眼睛看起来就像一副特大的圆眼镜，所以，人们给它起了一个十分形象的名字——眼镜猴。

眼镜猴是世界上最小的猴子之一，属于夜行动物，一般在树上搭建栖息场所，通常全家住在一起。

眼镜猴的食性也很特别，一般以蚂蚱、蟋蟀、苍蝇和蚊子等昆虫为食，是世界上唯一一种不吃植物的灵长类动物。

南美洲最危险的蛇

黑漆漆的夜晚，丝毫不会影响矛头蝮蛇捕猎，因为它有猫一样的瞳孔和特殊的热感应器官，可以在黑暗中轻松寻找到猎物。它还有一身由橄榄色、棕色组成的花纹伪装服，可以和阴暗的雨林地面融为一体，不容易被猎物发现。

矛头蝮蛇是南美洲最危险的蛇，它张开嘴咬向猎物的同时就能喷出毒液。它的毒液可以在几秒钟内破坏血液细胞，腐蚀肌肉组织。它咬一口注入猎物体内的毒液，足可以毒死两名成年人。

蜘蛛中的巨无霸

亚马孙巨人捕鸟蛛又名哥利亚巨人食鸟蛛，主要分布在南美洲北部的雨林中。这种蜘蛛伸展开足部，宽达 30 厘米，体重可以达到 120 克，是世界上最大的蜘蛛。

亚马孙巨人捕鸟蛛白天藏身于狭长的洞里休息，夜晚钻出来活动。它的腿上布满了细毛，细毛能通过气流的颤动探测出猎物的大小、运动速度等。等它探测到了足够的信息，便会突然出击。即使是毒蛇，有时也无法战胜亚马孙巨人捕鸟蛛。亚马孙巨人捕鸟蛛最爱吃的是昆虫。

第四天，当小豆丁走进书房时，神奇的故事书已经站在书桌上等他了。看到小豆丁，神奇的故事书说：“雨林里有那么多聪明植物，先讲哪个好呢？嗯，就先讲讲柱头会动的山姜花吧！”

一起来做操

明天就要开花了，山姜花们激动得睡不着觉。

这个说：“开花对我们来说可是件大事。”

那个说：“是啊是啊！开了花，小蜜蜂就会来吃花蜜，顺便帮我们传授花粉。”

“注意哦，我们雄蕊上的花药和雌蕊顶端的柱头挨得很近，一不小心，就会把自己的花粉沾到自己的柱头上。”山姜花小美丽提醒大家。

“对呀对呀，我们只有收到别的山姜花的花粉，才能结出健康的种子。”一朵山姜花附和道。

“明天开花的时候，我们分成两组，第一组这样……第二组这样……”小美丽给大家交待了一番。

第二天天刚亮，山姜花们就像听到了起床号一样，同时醒来打开了花苞——它们盛开了。

小美丽也盛开了，它那大大的唇瓣是黄色的，既鲜艳又醒目，上面还有鲜红的引导线，告诉食蜜客人请往里走，花冠管口里有

好吃的花蜜。

“姐妹们准备好了没有？过一会儿小蜜蜂们就要来吃早点了。”小美丽对山姜花们说。

“嗯嗯，我们准备好了！”

“第一组听我的口令！预备——开始！一二三，动起来！”小美丽喊起了口令，“把柱头向上弯，弯、弯、弯，一直弯到花药的上方！打开花药囊，释放出花粉！”

与此同时，第二组山姜花则做着相反的动作：把柱头向下弯，一直弯到花药的下方。

“好了，大家保持住自己的姿势。听，客人们来了！”

远处传来了嗡嗡声，蜜蜂们来吃早餐了。体形较大的木蜂和熊蜂最喜欢吃山姜花的花蜜了。

一只胖胖的木蜂落到了小美丽的唇瓣上，它急切地沿着红色引导线爬到花管里，吃起花蜜来。在这个过程中，木蜂的背蹭到了小美丽的花药，沾上了小美丽的花粉。而小美丽的柱头由于高高地举在花药上方，一点儿自己的花粉也没有沾上。

紧张忙碌的一上午很快过去了，第一组山姜花都把自己的花粉送了出去，而第二组山姜花都收到了花粉。四周渐渐静了下来。

这时，小美丽又说话了：“大家开始做交换动作。第一组的姐妹们把柱头慢慢向下弯，弯到花药的下方。”

第一组山姜花按照小美丽说的，都将柱头弯到了花药的下方。与此同时，第二组山姜花把原本下垂的柱头向上弯，一直弯到雄蕊的上方，同时把雄蕊的花药囊打开，释放出花粉。

一只胖胖的熊蜂飞过来，落到小美丽的唇瓣上，钻进花管里吃起了花蜜。它刚刚从第二组山姜花那里吃过花蜜，背上正带着花粉，花粉刚好沾到了小美丽低垂的柱头上。

到了晚上，所有山姜花都收到了别的山姜花的花粉，完成了授粉。

“山姜花的柱头竟然会上下弯曲，真是太神奇了！”小豆丁第一次听说美丽的山姜花竟然还有这样的本领。

“雨林里有很多聪明的植物，为了吸引动物帮忙传授花粉，它们想出了各种各样的招数。你绝对想不到，有种植物的招数居然是——开家臭臭的花店。”说着，故事书把书翻到了下一页。

姜科植物的妙招

在热带雨林里，有一类植物大家族——姜科植物，它们有艳丽的花，可供人食用的块茎。奇特的是，它们的花的柱头会做卷曲运动。植物自花授粉就像人类近亲结婚一样，会产生孱（chán）弱的后代。为了达到异花授粉的目的，聪明的植物们想出了各种方法，有的让雌雄花蕊在不同时间成熟，有的让雌雄花蕊离得较远……而姜科植物更加高明，它们用柱头做上下卷曲运动的方式，来避免自花授粉。

臭店老板的法宝

“嗨，您好！我叫莱佛士，请多多关照！”葡萄藤老先生低头一看，不知什么时候，自己的脚上竟然住了一个客人，一个小小的球形花苞，只有乒乓球那么大。

“噢，你好！莱佛士。”

“我借住在您的茎上，您不反对吧？我不会住很长时间的，大约住九个月。”莱佛士像绅士一样有礼貌地问。

“你都住上了，我还能说什么？住就住吧，不就是九个月嘛！正好我也挺寂寞的，有个伴和我聊聊天也好。”

渐渐地，葡萄藤老先生发现莱佛士与众不同。作为植物家族的成员，它没有根没有茎，连一片叶子也没有，始终就只有那个孤零零的没有开放的花球。

莱佛士和葡萄藤老先生谈论最多的是它的理想：“我的理想是开一家店。”

“开店？”葡萄藤老先生有些吃惊。

“对呀，开一家享誉全球的店！您还不知道吧，我们家世世代代都是开店的。”

“可是，你能行吗？”看着现在已长成网球大小的莱佛士，葡萄藤老先生半信半疑。

“没问题，我有我们家祖传的开店三大法宝——D、C、R。”

“D、C、R？它们是什么意思啊？”

“到时候您就知道了。”

…………

九个月很快就要过去了，莱佛士已从乒乓球大小长到了排球那么大。它的外皮呈褐色，就像一棵大大的褐色卷心菜。莱佛士开店的日子终于到来了。

一天，当黎明的第一缕阳光照到地面城区时，莱佛士的花球打开了。五枚又大又厚的花瓣，红艳欲滴，花瓣围绕的“天井”里有许多花药。

葡萄藤老先生在雨林里生活了上百年，还是头一次看到这么大的花。刚开始的时候，葡萄藤老先生闻到了一丝香气，可是没过多久，一股股臭味就从莱佛士的店里飘了出来。

“走过路过不要错过，莱佛士家族第八万八千零八个连锁店开业喽！欢迎各位喜欢垃圾、腐尸、臭鱼烂虾的顾客光顾。开业

时间只有四天，过期不候哦！”

“噢，天哪！莱佛士，你这是开的什么店呀？”臭气熏得葡萄藤老先生头昏脑涨。

“当然是臭店啦！作为世界上最大最臭的大花草的后代，不开臭店开什么店？”

“你就是臭遍全世界的大花草？”葡萄藤老先生吃惊地看着莱佛士。

“没错，在下正是。”

“哎呀呀，你们家怎么想起开这样的店呀！”

“雨林中的花那么多，竞争那么激烈，如果不别出心裁，生意肯定不好做，说不定都没有顾客登门。没有顾客来，我们找谁授粉呀！于是我们的老祖宗就想出了开臭店的主意。我们的臭店正巧迎合了一部分另类顾客的喜好，生意特别好，于是臭店就这样一辈一辈地传下来了。”

“这么臭，真的会有顾客光临？”葡萄藤老先生开始替莱佛士担心起来。

“别担心，会有客人来的，我保证！”

果然，不久就有顾客上门了，而且顾客越来越多。它们大多是苍蝇、甲虫等嗜臭如命的家伙。

“你的臭店生意不错嘛！”看着来来往往、络绎不绝的客人，葡萄藤老先生颇感意外。

“那当然，我有祖传的三大法宝啊！第一，让花开得大大的艳艳的，这样店面才醒目；第二，散发出浓浓的腐肉般的臭味；第三，释放热量让我的整个小店暖暖的。这样，那些嗜臭如命的食客才喜欢来这里。”莱佛士得意地给葡萄藤老先生讲着，“这就是我家祖传的三大法宝——D、C、R！”

“噢，我明白了，‘D、C、R’原来就是‘大、臭、热’的意思啊！”

客人们来来往往，带走了莱佛士的花粉。四天后，莱佛士变得没那么精神了。

“亲爱的房东，我得走了。我忘了告诉您，我一生只开一次。谢谢您九个月来对我的无私资助，让我吃住在您这里。我是一株雄花，我希望那些客人把我的花粉送给雌花们，那样它们就可以结出种子，我们的臭店就能继续开下去了。”说完，莱佛士枯萎了。莱佛士渐渐化成了一摊黏糊糊的黑色东西。

两年后的一天清晨，葡萄藤老先生忽然又闻到了一股臭臭的气味，这臭味是那么的熟悉。它四处望了望，在不远的地面上，看到了一朵长得和莱佛士一模一样的大花。

“走过路过不要错过，莱佛士家族第八万八千零九个连锁店开业喽！欢迎各位喜欢垃圾、腐尸、臭鱼烂虾的顾客光顾。开业时间四天，过期不候哦！”

看着臭店门前顾客络绎不绝，葡萄藤老先生又想起了莱佛士说过的三大法宝——D、C、R，它欣慰地笑了。

“用臭味吸引客人为自己传授花粉，这个方法太另类了！”听完故事，小豆丁说。

“虽然另类，但它们还算正大光明，不像有的植物巧设机关，强迫昆虫为它们服务。”故事书一边说着，一边往后翻。

最大最臭的花

莱佛士花也叫大王花、大花草，生长在印度尼西亚苏门答腊岛的热带雨林里。它是世界上最大的花，被称为“花王”。它雌雄异株，花期三到七天。花期过后，雄花逐渐凋谢，颜色慢慢变黑，最后变成一摊黏糊糊的黑东西。而授了粉的雌花，会渐渐形成一个包着许多种子的果实。

在苏门答腊岛的热带雨林里，还有一种有名的臭花——巨花魔芋，也叫尸臭魔芋。巨花魔芋的花有一个高高大大的肉穗花序，雌花和雄花都生长在上面。为了防止自花授粉，雌花先开，一两天后，雄花才开。由于巨花魔芋开花时发出类似腐肉和臭鱼的气味，所以当地人都叫它“尸花”。

两种大臭花虽然外形不一样，但都是依靠浓郁的臭气，吸引苍蝇和甲虫来帮助它们传授花粉的。

蜜蜂玛雅历险记

蜜蜂玛雅非常喜欢一种香水，而这种香水只有在水桶兰香水专卖店才能买到。那天，为了得到这种香水，玛雅早早地来到水桶兰香水专卖店。

没想到，店门口已经来了很多蜜蜂，它们你推我拥，都想第一个得到香水。

要想得到香水，就得先站到半空中的一个小平台上。玛雅好不容易挤到平台上，眼看就要取到香水了，却脚底一滑，一下从平台上跌了下去。

扑通一声，玛雅落到了平台下面的水桶里。

玛雅惊恐地在水桶里挣扎，想尽快爬出去。可是池壁又黏又滑，它怎么也爬不上去。就在绝望的时候，它突然发现了一个台阶，台阶上有一条通道，通道的尽头有一些光斑。它心想，这里应该是和外面相通的吧。

于是，玛雅奋力爬上台阶，沿着通道向前爬去。通道很窄，刚好可以让它的身体通过。终于，它的头探出了洞口。可是，就在它庆幸自己快要逃出险境的时候，通道口竟然一下子缩紧，把它的身子紧紧地裹在了通道里！玛雅再一次感到了恐惧。

“呜呜呜，我要出去！让我出去！我再也不来这里了！”玛雅使出全身力气向外挣，足足有10分钟，终于从通道里挣脱出来。然而，它不知道，有两个小小的花粉包已牢牢地附在了它的背上。玛雅头也不回地飞离了这个可怕的香水店。

可是，逃出险境的玛雅只过了一会儿，就把刚才的经历忘得一干二净。刚一拐弯，玛雅又闻到了一股好闻的香味，又一个水桶兰香水专卖店出现在眼前，它欣喜地向香水店飞去。

刚才的一幕又发生了，落水、爬上台阶、钻出通道，玛雅再一次从水桶兰香水店里逃了出来。只是这一次，从逃生通道钻出来的时候，它背上的花粉包没有了。

原来，这一切都是精明的香水店老板水桶兰精心设计的：它们用香味引诱顾客上门，故意让取香台很滑，让顾客落水，又为顾客提供台阶和逃生通道，以达到为自己传授花粉的目的。

“水桶兰真狡猾，竟然想出了这么缺德的方法。”小豆丁替蜜蜂打抱不平。

“水桶兰的方法是有点儿缺德，但植物没有道德观念，它们只是想着如何完成传宗接代的任务。为此，它们可谓是煞费苦心，甚至不择手段。有些植物甚至乔装打扮，使用骗术让虫虫来帮它们传授花粉。”故事书解释道。

“乔装打扮？虫虫会上当吗？”

“会，一些虫虫还真的上当了。”

愚虫节快乐

3 月 31 日那天晚上，虫虫家族的雄蜂杰克、果蝇果果、兰蜂兰哥同时收到了一封神秘的邀请信，上面写着：“明天是个好日子，我们邀请了著名化装大师来做精彩的角色扮演模仿秀，特邀请你参加表演。所有参演者都将收到惊喜礼包。活动地点：你家门口。”

这是谁送来的邀请信？明天又是个什么特殊的日子呢？

三个小伙伴谁也想不出答案。管它呢，好玩就行，而且还有惊喜礼包！它们都盼着明天早一点儿来临。

第二天天刚亮，雄蜂杰克便飞出了家门。刚一出门，它就发现草丛中出现了一群陌生的雄蜂，雄蜂们正在那里翩翩起舞。杰克可不想让外来的雄蜂抢走它的惊喜礼包。

“喂，这是我的地盘！赶快离开！”杰克发出了驱逐信息。但那群家伙似乎根本就没有听到，仍然若无其事地舞动着，丝毫没有离开的意思。

“再不走可别怪我不客气了！”

那些雄蜂仍然不搭理它。杰克被激怒了，它怒气冲冲地向那些雄蜂撞去。

可是，当撞到雄蜂的身体时，杰克才发现，它们根本就不是真的雄蜂，而是一朵朵看起来像雄蜂的兰花！

“骗子！”杰克知道自己上当受骗了。

再说果蝇果果。一觉醒来，天已大亮，果果早饭没吃便急匆匆地冲出了家门。一出门，它就闻到

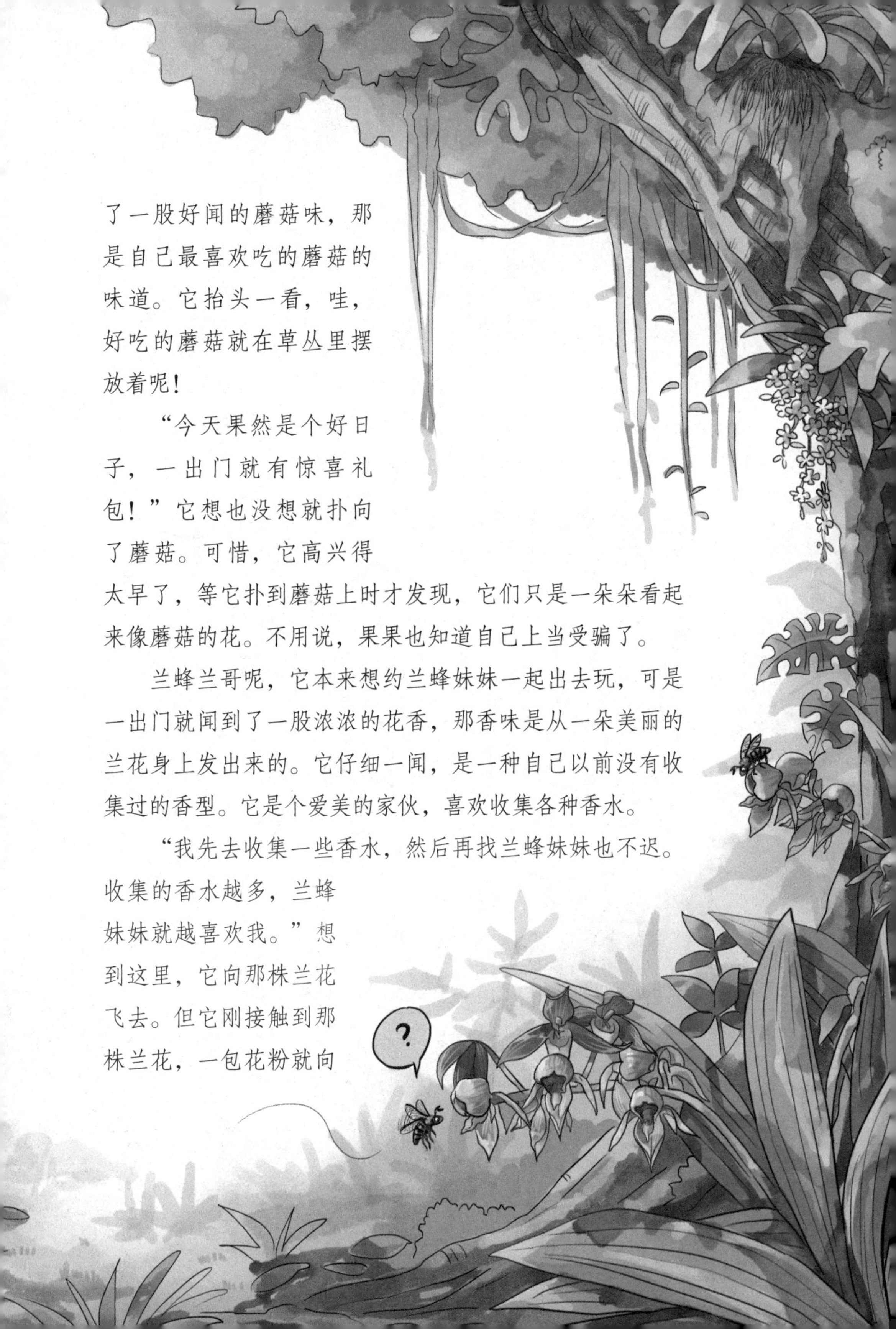

了一股好闻的蘑菇味，那是自己最喜欢吃的蘑菇的味道。它抬头一看，哇，好吃的蘑菇就在草丛里摆放着呢！

“今天果然是个好日子，一出门就有惊喜礼包！”它想也没想就扑向了蘑菇。可惜，它高兴得太早了，等它扑到蘑菇上时才发现，它们只是一朵朵看起来像蘑菇的花。不用说，果果也知道自己上当受骗了。

兰蜂兰哥呢，它本来想约兰蜂妹妹一起出去玩，可是一出门就闻到了一股浓浓的花香，那香味是从一朵美丽的兰花身上发出来的。它仔细一闻，是一种自己以前没有收集过的香型。它是个爱美的家伙，喜欢收集各种香水。

“我先去收集一些香水，然后再找兰蜂妹妹也不迟。收集的香水越多，兰蜂妹妹就越喜欢我。”想到这里，它向那株兰花飞去。但它刚接触到那株兰花，一包花粉就向

它袭来，弄得它满身都是花粉。

受到惊吓的兰哥哪还有心思出去玩啊！再说了，自己现在这个样子怎么去见兰蜂妹妹？它想赶快回家。

可是，刚才那一包花粉打得兰哥晕头转向，分不清东西南北，也弄不清自己的家在哪儿了。它四处乱飞。忽然，眼前出现一个头盔似的小屋，那不就是自己的家吗？它想也没想就一头扎了进去。等进去之后它才发现，这根本就不是自己的家，而是一朵假扮成小屋的兰花。

“哼，还说今天是个好日子呢，可一出门就被骗了！”

三个受骗上当的虫虫都无心游玩，它们悻悻地回家了。在自己家门口，它们又各自发现了一封信，上面写着：“多谢诸位的热情参与，使本年度愚虫节特别活动获得圆满成功。特向你们致以节日的问候——愚虫节快乐！”信的落款是“聪明的兰花”。

原来，这一切都是欺骗大师兰花安排的。

那些雄蜂是文心兰假扮的。它们扮成雄蜂在草丛中舞动，以激怒真正的雄蜂。当愤怒的雄蜂用身体接二连三地去碰撞它们的时候，便帮它们传授了花粉。

那些美味蘑菇是猴面兰布下的圈套。猴面兰知道有些果蝇喜欢吃蘑菇，就让自己的唇瓣长成蘑菇的模样，不仅形状、颜色像，连菌盖和褶皱都模仿得惟妙惟肖。更绝的是，它们还散发出蘑菇的气味，让果蝇闻香而来。当果蝇在“蘑菇”上爬来爬去时，身上便沾满了猴面兰的花粉。

而兰哥刚才遇到的那两朵兰花其实是一家子，都是飘唇兰，撒它一身花粉的是雄花，像头盔小屋的是雌花。它们先是骗兰哥在雄花那里沾上花粉，又诱骗兰哥把花粉送到雌花那里。

“真稀奇，没有大脑的植物竟然把虫虫们骗得晕头转向，兰花们也太牛了！”听完植物骗虫虫的故事，小豆丁不由得啧

啧称奇。

“兰花可以说是植物界里最聪明的植物。兰花正是巧用它们的智慧，引诱其他生物为它们服务，才使得兰花家族‘花丁兴旺’。不过，在植物王国里，不光兰花会骗术，别的植物也会。它们不仅会用骗术欺骗动物为它们传授花粉，还会用骗术来防身呢！”

“用骗术防身？谁会这样做？”小豆丁越听越觉得有趣。

“别急别急，让我喘口气，找到它们的图片再给你讲。”

水桶兰的计谋

水桶兰是兰科胄（zhòu）花兰属植物，全世界约有15种。水桶兰有一套独特的传粉机制。

它的假鳞茎（兰科植物的变态茎，是贮藏水和养分的器官）很大，从基部生出一根下垂的茎，上面长着几朵花。花的唇瓣呈水桶状，唇瓣上半部是肉质的，散发着浓郁的香气。昆虫受到花香的吸引来到花上，不小心就会掉入桶状唇瓣中（故事中的水桶）。而唇瓣的喷嘴状开口，是昆虫离开的必经之路，那里有花粉和柱头。当蜜蜂从喷嘴状开口逃出来时，背上没有花粉的蜜蜂会被强迫沾上花粉，背上已有花粉的蜜蜂则会被强制取走花粉。

兰花家族骗子多

一听到兰花，就让人联想到“纯洁”“清幽”“高雅”等美好的词汇。可大多数人不知道，在全世界现存的2万多种兰科植物中，有三分之一是骗子。它们不产花蜜，而是使用各种骗术让昆虫为它们传授花粉。上面故事中讲了三种生长在雨林里的骗子兰花。

文心兰属的兰花花朵小，通常一个花茎上有几十朵，花朵色彩鲜艳，形似翩翩起舞的舞女，又名“舞女兰”。它们常利用一些昆虫守护领地的行为，扮演昆虫在风中晃动，以招惹这些昆虫来帮它们授粉。

外形像猴子脸的小龙兰属兰花全世界约有120种，它们能在任何季节开花，散发出的气味可引诱果蝇等昆虫来为它们传授花粉。

飘唇兰是兰科中罕见的雌雄花朵长在同一棵植株上的种类，专门骗兰蜂帮它们传授花粉。雄花鲜艳，香气扑鼻，对兰蜂极具诱惑力，当兰蜂接触它时会触发一个机关，黏液状的花粉糊便喷撒在兰蜂身上。头盔状的雌花很像兰蜂的巢，当身带花粉的兰蜂进到“巢”里时，就会把花粉涂到雌花的柱头上，帮它们完成授粉。

虫虫声讨大会

接二连三发生的植物欺骗虫虫、使虫虫上当受骗的事件，极大地损害了虫虫家族的声誉，使它们的心灵受到了严重伤害。于是，虫虫家族召开了一次声势浩大的声讨大会，声讨那些“坏”植物，凡是被植物欺负过的虫虫都可以上台控诉，好让其他虫虫引以为戒，谨防再次上当。

在杰克、果果、兰哥控诉完骗子兰花的罪行之后，一只蛾子登上了讲台。

“这些可恨的植物，它们不仅用模仿秀来愚弄年轻人，还用伪装术欺负我们这些做母亲的！”一上台，这只蛾子就诉起苦来，原来它是蛾子太太。

“欺骗俺的植物是一种海芋。一想起这事俺就来气！因为俺的孩子最喜欢吃那种海芋了，不仅它的叶子，连它的芽、茎都喜欢吃。于是，俺就专门选择在海芋的叶子上产卵，希望孩子一出生就有饭吃。你们说，俺这样做有错吗？”

“没错！没错！”周围的虫太太们大声应和着。

“俺为宝宝选的育婴场一定是最健康的叶子，凡是生病的俺连看都不看。这样俺的宝宝出世后才能有营养丰富的食物，吃喝不愁。你们说，俺这样做有错吗？”

“没错！没错！”周围的虫太太们大声应和着。

“可是，你怎么知道哪株海芋健康哪株不健康呢？”几只毛毛虫天真地问。

“一看你们就没做过母亲。当妈的都知道，凡是叶子上长白斑或色斑的都有病，有病的当然就是不健康的了。”巢蛾太太摆出一副长者的姿态。

“对对对！说得没错！”周围的虫太太们大声应和着。

“可是，那些可恶的海芋竟然利用俺的爱子情结，故意让叶片上出现白斑，装成营养不良、生病的样子，给俺选择产房制造麻烦。多可恶啊！俺的娃不就是吃几口它们的叶子吗？”蛾子太太越说越生气。

“同病相怜啊，蛾子太太！我的情况和你差不多！”一个声音打断了蛾子太太的诉

说。蛾子太太抬头一看，是美丽的蛱蝶太太。

“我的宝宝只对西番莲感兴趣，别的植物根本不吃。所以，我要在西番莲身上产卵，利用它的叶片做产房，让宝宝一孵化出来就有饭吃。

“但是西番莲不欢迎我，想方设法与我作对。其中一招是使用‘易容术’，就是学《西游记》里的孙悟空七十二变，改变叶片的形状。有的变成三角形，有的变成椭圆形，有的变成滑翔机机翼的形状……总之，就是变得不再像西番莲的叶子，不让我们蛱蝶认出它们来。这也罢了，更让我不能忍受的是，它们竟然变本加厉，在叶片上伪造出一些黄色虫卵，欺骗我，让我误以为已经有同类在这里产卵了。因为我们蛱蝶有个习惯，只要某个叶片上有别的虫虫提前产了卵，我们就不再考虑在它上面产卵了。

“不就是吃点它们的叶子吗？它们竟然耍出这么多花招，这些植物多可恨呀！”

蛱蝶太太的一番话引得虫虫们义愤填膺（yīng），声讨大会在一片“我们是虫虫，聪明的虫虫，再也不要受植物的欺骗”的口号声中结束。

“为了保护自己不受伤害，竟然想出那么多奇招，植物们可真聪明！”小豆丁打心眼儿里佩服海芋和西番莲等植物，“只是，遇到会骗术的植物，那些虫虫也挺可怜的。”小豆丁又想起了兰花骗虫虫的故事。

“虫虫们遇到这些骗子植物，应该还算幸运，最多是上当受骗或被吓一跳，不会有生命危险。但如果遇到食虫植物，它们就没那么幸运了。”说完，故事书翻到新的一页，又开始讲起来。

甜蜜的陷阱

“雨林中危机四伏，体弱个小的虫虫们不仅要提防外表凶猛、行动敏捷的食虫动物，还要警惕那些外表甜美、内心险恶的食虫植物。尤其是这两个设有甜蜜陷阱的杀手：缀满红色水晶‘宝石’的小巴掌——茅膏菜和专吃虫虫的蜜罐——猪笼草。”

蜜蜂安东尼拾到一本《虫虫安全宝典》，宝典的第一页这样写着，还附有两个杀手茅膏菜和猪笼草的照片。

这么漂亮的植物真的是可怕的杀手吗？安东尼有点儿不相信，决定亲眼看看去。

它先来到茅膏菜跟前。茅膏菜那绿中带红的小叶片上布满红色腺毛，腺毛的顶端是一个个晶莹剔透的蜜露，看起来就像一颗颗红宝石。

“其实那不是蜜露，而是一种特制的胶水，只要碰一下就会被牢牢粘住……”东安尼记得《虫虫安全宝典》上这样写着。

真是这样吗？安东尼想靠近一点儿仔细看看。忽然，一只毛毛虫一扭一扭地从不远处爬过来。“我是一只毛毛虫，扭呀扭呀找蜜吃。晶莹的蜜露多又多，味道一定很不错。”它一边唱着歌一边沿着茅膏菜的茎向上爬去。

“不要上去！”

安东尼下意识地脱口而出。可是晚了一步，毛毛虫的一只脚已经踩到一个红红的蜜露上，并且一下子就被粘住了。毛毛

虫也察觉出了不对劲儿，它想把自己的脚拽下来，可是怎么拽都挣脱不了，而且越挣扎粘到蜜露上的脚越多。

与此同时，更可怕的事情发生了。小巴掌上的其他腺毛竟然像接到命令一样，一起向毛毛虫压过来，不一会儿就把毛毛虫包裹了起来。

“接下来，无法逃脱的虫虫将被这些腺毛消化吸收。等消化吸收完虫虫后，叶片和腺毛会重新展开，等待新的猎物。”天哪，真是太可怕了！想起宝典上的话，安东尼赶紧飞离了小巴掌。

安东尼又来到了猪笼草跟前。猪笼草上有许多小罐子，罐口处有许多蜜腺，能分泌出香甜的蜜汁。罐内有消化液，罐口上方还有一个张开的盖子，以防止雨水进入小罐子把消化液冲稀。

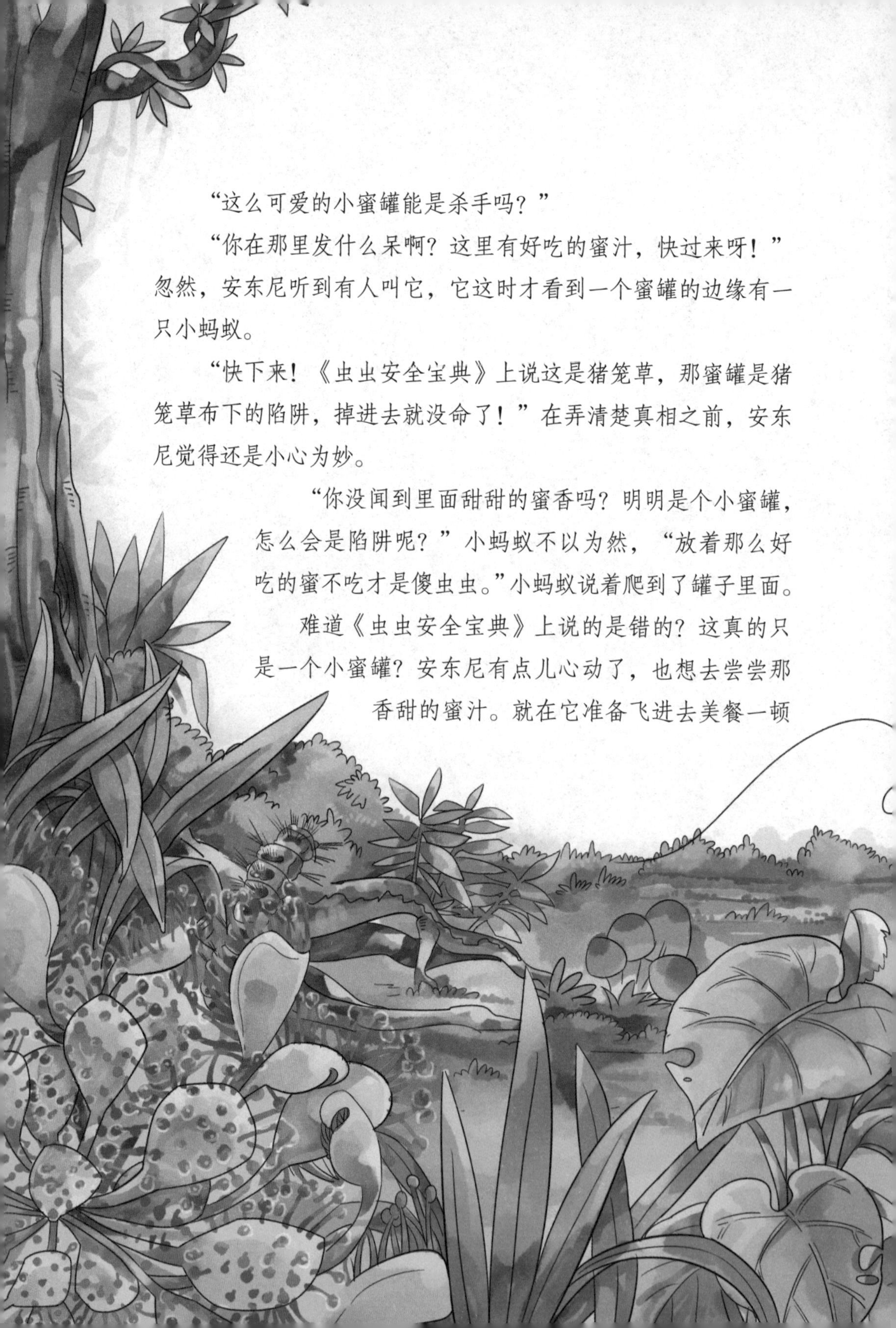

“这么可爱的小蜜罐能是杀手吗？”

“你在那里发什么呆啊？这里有好吃的蜜汁，快过来呀！”忽然，安东尼听到有人叫它，它这时才看到一个蜜罐的边缘有一只小蚂蚁。

“快下来！《虫虫安全宝典》上说这是猪笼草，那蜜罐是猪笼草布下的陷阱，掉进去就没命了！”在弄清楚真相之前，安东尼觉得还是小心为妙。

“你没闻到里面甜甜的蜜香吗？明明是个小蜜罐，怎么会是陷阱呢？”小蚂蚁不以为然，“放着那么好吃的蜜不吃才是傻虫虫。”小蚂蚁说着爬到了罐子里面。

难道《虫虫安全宝典》上说的是错的？这真的只是一个小蜜罐？安东尼有点儿心动了，也想去尝尝那香甜的蜜汁。就在它准备飞进去美餐一顿时，突然听到哎哟一声——小蚂蚁失足掉进了蜜罐里。刚开始的时候还能听到小蚂蚁的呼救声，但不久小蚂蚁就无声无息了。

看来猪笼草真是虫虫杀手！宝典上写的是真的！安东尼吓得赶紧飞走了。

“真有吃虫虫的植物吗？”小豆丁还有点儿不太相信。

“当然有了，比如故事中的猪笼草就是雨林中典型的食虫植物。不过，接下来我要给你讲的这种猪笼草就不吃虫虫。”小豆丁看到故事书翻到的那一页上，画着一株巨大的猪笼草。

小树鼩的马桶糖果店

“起个什么名字好呢？叫‘劳氏糖果店’？‘猪笼草糖果店’？不行不行，这些名字都太一般了，我一定要起个十分独特的名字。”住在加里曼丹岛雨林里的劳氏猪笼草正在自言自语。忽然，它看到了小树鼩（qú）摩西。

摩西个头儿小小的，模样怪怪的，有点儿像松鼠，却长着一个尖尖的嘴巴。它是攀爬能手，整天在藤蔓间爬上爬下。

摩西清晨起来的第一件事就是去找吃的。吃过几只昆虫、几颗野果之后，它还想找点儿蜂蜜吃，因为它最喜欢吃甜食了。可是，找了半天，它一点儿蜂蜜也没有找到。忽然，它发现一个大大的罐子。这个罐子十分别致，外表面大部分是浅绿色的，内表面为暗红色，下部为球形，中部猛然收缩，上部呈漏斗状，整个罐子看起来就像一个别致的大酒壶，上面还有一个打开的

盖子呢。

摩西认出来了，这是劳氏猪笼草的捕虫笼。

这时，劳氏猪笼草也发现了小树鼩摩西。

“亲爱的小树鼩，早上好啊！”

摩西假装没听见。

见摩西没有理它，劳氏猪笼草又说道：“你是不是在找吃的啊？我这里有好吃的，你上来吃吧！”

“哼，别骗我，我认识你，你不是猪笼草吗？你是虫虫杀手，我才不过去呢！”摩西哼了一声扭头就走。

“喂，别走！”劳氏猪笼草赶忙叫住了摩西，“你认识我？”

“当然，谁不认识你啊！”摩西头也不回地说道，“那个罐子样的东西是你的叶子变态形成的。你用那个罐子做陷阱，诱捕蚂蚁和其他昆虫。”

“你说的那些都是我小时候做的事，那不是被生活所迫嘛。但我现在长大了，早就不捕食虫虫了，我现在靠卖糖果养活自己。”

一听说有糖果，摩西马上停下了脚步。树鼩虽然是杂食动物，常以昆虫、小鸟、野果等为食，但最喜欢吃的还是蜂蜜之类的甜食。它走到劳氏猪笼草跟前，抬头看了看，果然，那个罐子

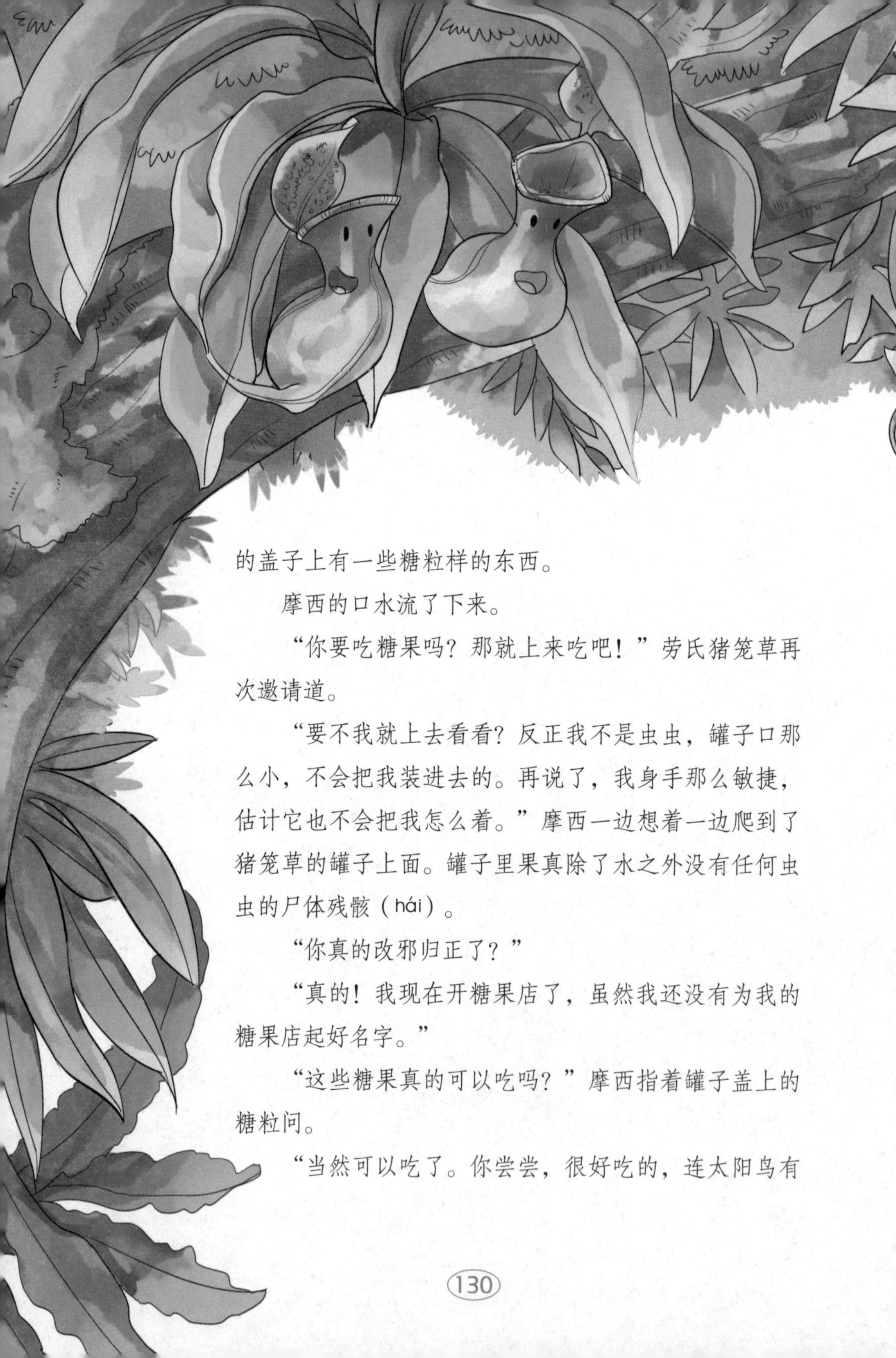

的盖子上有一些糖粒样的东西。

摩西的口水流了下来。

“你要吃糖果吗？那就上来吃吧！”劳氏猪笼草再次邀请道。

“要不我就上去看看？反正我不是虫虫，罐子口那么小，不会把我装进去的。再说了，我身手那么敏捷，估计它也不会把我怎么着。”摩西一边想着一边爬到了猪笼草的罐子上面。罐子里果真除了水之外没有任何虫虫的尸体残骸（hái）。

“你真的改邪归正了？”

“真的！我现在开糖果店了，虽然我还没有为我的糖果店起好名字。”

“这些糖果真的可以吃吗？”摩西指着罐子盖上的糖粒问。

“当然可以吃了。你尝尝，很好吃的，连太阳鸟有

时候都来吃呢。”劳氏猪笼草再次邀请摩西。

摩西伸出舌头舔了一下：“嗯，有一点点甜，还有一点点臭，似乎还有点儿柠檬糖果的味道，不错不错，我喜欢。”

“喜欢就多吃点儿吧！你可以坐在罐子上慢慢吃，我的罐子绝对结实，你就放心地坐在上面吧！”

于是，摩西就真的坐在劳氏猪笼草的罐子上吃了起来。

你说怎么这么合适，劳氏猪笼草的罐子，就像是专门为摩西量身定做的一样，罐口正正好好托住了它的屁股，不大也不小。

摩西坐在罐子上，不用费力，一张嘴就能吃到糖果。

不知是吃得太多了还是糖果里面加了什么药，吃着吃着摩西竟然想拉便便了。可是，它又舍不得离开座位去上厕所。

它站起来又坐下，想离开又舍不得。

这时，劳氏猪笼草似乎看透了它的心思：“小树鼩，你是不是想拉便便啊？直接拉到罐子里好了。”

“这样合适吗？”摩西觉得这样做不太好。

“这有什么不合适的！你不是觉得光吃我的糖果过意不去吗？那就用你的便便给我做肥料吧！你不觉得我的罐子看起来很像一个小马桶吗？”

“你别说，还真有点儿像！你既然这样说，那我就恭敬不如从命了。嘿嘿！”于是摩西把便便拉到了罐子里。

“你的这个糖果店太好了，可不能让别的小树鼩抢了去，我得做个记号。”吃完糖果后，摩西用屁股在“马桶座”上蹭了几下，又闻了闻，“这下可以了，我已经留下我的气味信息了。对了，你的糖果店起好名字了吗？”

“嗯，我刚刚想起一个好名字——‘小树鼩的马桶糖果店’，这个名字你觉得怎么样？

“不错不错，这个名字很酷！”

于是，“小树鼩的马桶糖果店”正式开业了。不过，你可要记清楚了，这个糖果店的老板不是小树鼩而是劳氏猪笼草哦。

“‘小树鼩的马桶糖果店’，哈哈，这个劳氏猪笼草真有创意！”小豆丁从没想过，植物会如此聪明。

这时，窗外传来滴答滴答的声音，下雨了。

听着雨滴声，故事书又想起一个故事，它对小豆丁说：“‘小树鼩的马桶糖果店’的确有创意。接下来，我给你讲个更有创意的植物的故事。”

吃虫子的植物

植物王国有多种食虫植物，除了故事中介绍的茅膏菜和猪笼草外，还有捕蝇草、狸藻、瓶子草等。

其实，食虫植物吃虫子是一种不得已的生存之道。由于这类植物多生长在潮湿多雨的地方，土壤中的养分随雨水而流失，为了在贫瘠（jí）的环境下获取所需的养分，它们只好捕食昆虫，利用自身分泌的消化液分解昆虫，吸收其中的养分。

甘当厕所的猪笼草

在加里曼丹岛的雨林里，有一种劳氏猪笼草，这种猪笼草未成熟时以诱捕蚂蚁和其他昆虫来补充营养，成熟的植株则以树鼩的粪便作为养料。这时，劳氏猪笼草的笼子已经非常适合当马桶了——边缘变得不是很光滑，树鼩可以安全地坐在上面，一边排泄粪便，一边舔食花蜜。

雨滴巴士

雨林送子站台上站着一大群特殊的客人，它们是兰花妈妈、野牡丹妈妈以及它们的孩子。

“兰花妈妈，您也是来送孩子远行的吗？”野牡丹妈妈首先和兰花妈妈打招呼。

“是呀，让孩子出去闯闯世界。可不能让它们一直待在父母的身边，那样没有出息。”兰花妈妈回答道。

“说得是。只是，我们这里不比绿蘑菇城区，那里的植物都是乘大风送孩子的，比如木棉树、望天树。我们这些住在林下城区的植物可没这个条件，大风根本就进不来。所以，我们只好等巴士了。”

“你说得太对了。好在咱们这里各种巴士多的是，比如鸟巴士、猴巴士，夜里还有蝙蝠巴士，等等。”

两位妈妈你一句我一句地聊起来。

一辆辆鸟巴士和猴巴士来了又走了，两位妈妈谁也没有让自己的孩子上车。它们在等什么巴士呢？

“乘客们请注意，微风巴士进站了，上车的乘客请做好登车准备，家长请留步。”这时，一股微风轻轻吹来——其实，那根本就算不上是什么风，除了兰花妈妈和它的孩子，别人竟然没有感觉到。

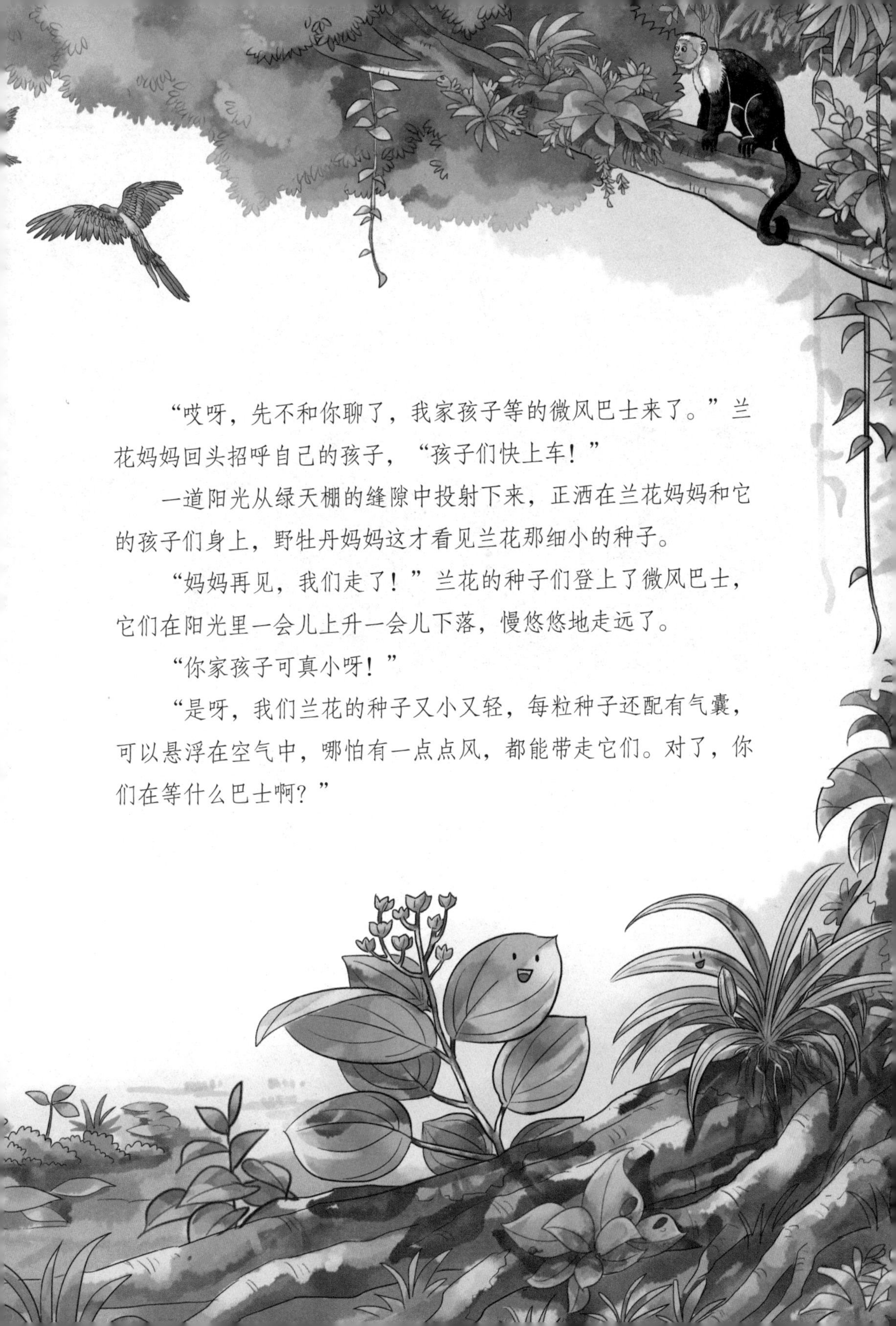

“哎呀，先不和你聊了，我家孩子等的微风巴士来了。”兰花妈妈回头招呼自己的孩子，“孩子们快上车！”

一道阳光从绿天棚的缝隙中投射下来，正洒在兰花妈妈和它的孩子们身上，野牡丹妈妈这才看见兰花那细小的种子。

“妈妈再见，我们走了！”兰花的种子们登上了微风巴士，它们在阳光里一会儿上升一会儿下落，慢悠悠地走远了。

“你家孩子可真小呀！”

“是呀，我们兰花的种子又小又轻，每粒种子还配有气囊，可以悬浮在空气中，哪怕有一点点风，都能带走它们。对了，你们在等什么巴士啊？”

“我们在等野猪巴士。”还没等野牡丹妈妈开口，几个稚嫩的声音响了起来，把两位妈妈吓了一跳。这个时候，两位妈妈才注意到，在一棵葡萄藤脚下，有一个大大的腐烂的果子，里面有一些黑色的种子。

“哟，你们也在等巴士啊！你们是谁家的孩子？怎么没有父母来送你们啊？”

“我们是大花草的种子。”那些种子说。

“你们是大臭花的后代？”兰花妈妈惊讶地问。

“对呀，我们的爷爷就是开臭店的莱佛士先生，我们以后也

要去开臭店。”“我们的妈妈在收到爸爸的花粉后，经历了七个月才结出我们这些种子。”大花草的种子们七嘴八舌地说开了。

这时，一头野猪往这边走来，它东嗅嗅西闻闻。

“哎呀，我们的野猪巴士来了。”大花草的种子们高兴地叫道。

正在找东西吃的野猪没有注意，一脚踏在了大花草的果子上，那些有黏性的种子就粘到了它的脚上。

“再见，兄弟姐妹们！我们先走一步了！再见，兰花妈妈和野牡丹妈妈！”一部分大花草的种子乘着野猪巴士走远了。

一粒没赶上车的大花草种子叹了口气说：“唉，我只好等下一辆野猪巴士了。”它又回过头问野牡丹妈妈：“野牡丹妈妈，你们在等什么巴士啊？”

“我们在等雨滴巴士。”

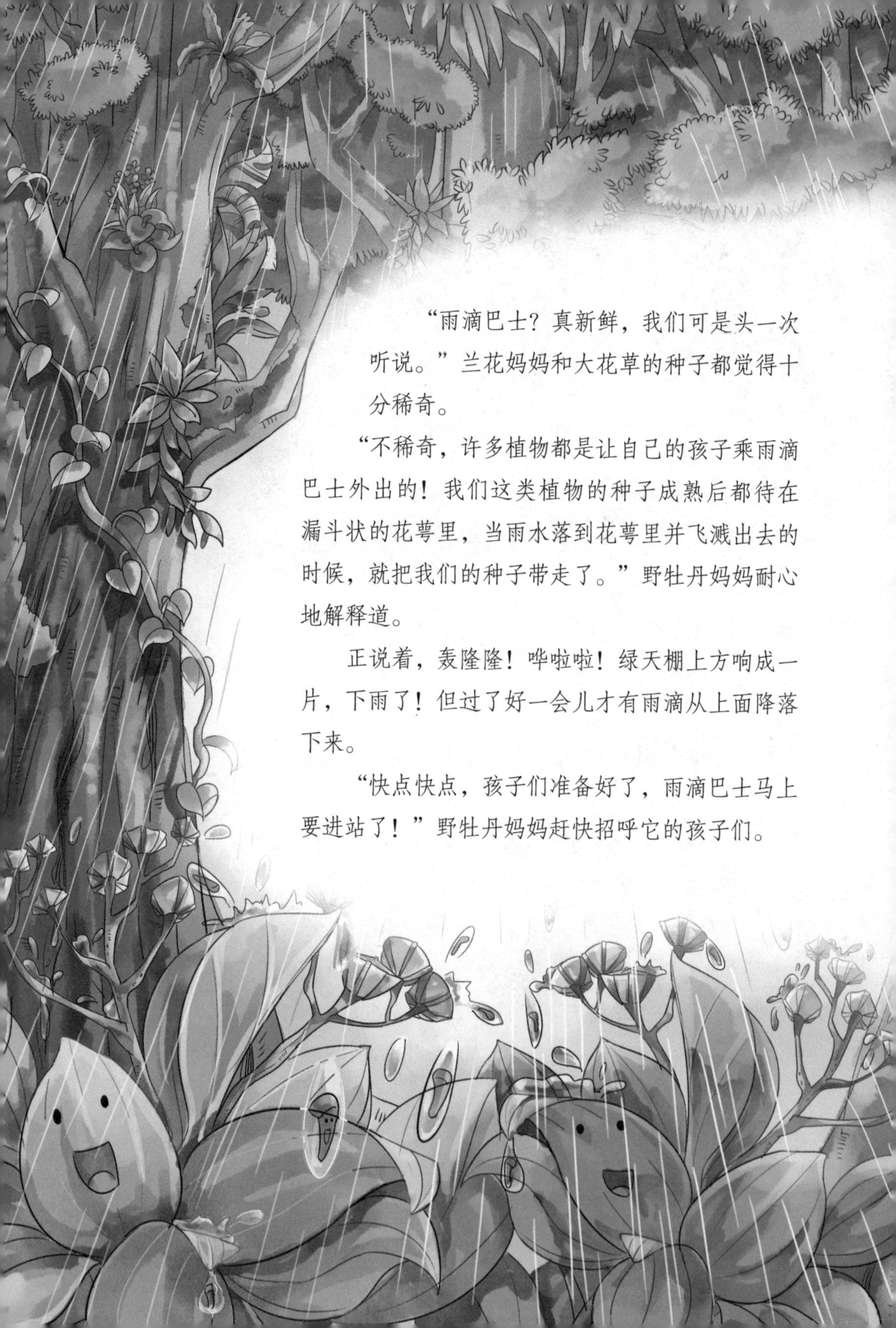

“雨滴巴士？真新鲜，我们可是头一次听说。”兰花妈妈和大花草的种子都觉得十分稀奇。

“不稀奇，许多植物都是让自己的孩子乘雨滴巴士外出的！我们这类植物的种子成熟后都待在漏斗状的花萼里，当雨水落到花萼里并飞溅出去的时候，就把我们的种子带走了。”野牡丹妈妈耐心地解释道。

正说着，轰隆隆！哗啦啦！绿天棚上方响成一片，下雨了！但过了好一会儿才有雨滴从上面降落下来。

“快点快点，孩子们准备好了，雨滴巴士马上要进站了！”野牡丹妈妈赶快招呼它的孩子们。

伴随着哗啦啦的响声，雨滴从绿天棚上落下来，有几滴恰巧落在野牡丹妈妈的花萼里，随即又以更快的速度飞溅出去。种子们没来得及和妈妈说声再见，就被急速飞溅的雨滴巴士带走了。载着种子的雨滴在半空中画出一道长长的弧线，落到远离妈妈的地方……

“让种子乘坐雨滴巴士远行，多么美妙的创意啊！植物妈妈们真了不起！”小豆丁越来越佩服这些聪明的植物了。

聪明的植物妈妈

植物传播种子的方式多种多样，真可谓五花八门，最常见的是靠风力和动物传播。除此之外，还有一些好玩的传播方式，比如靠机械力传播（自己弹射出去），以及故事中那些靠轻微的空气流动和雨滴传播等。

兰花的种子非常小，呈纺锤形，数量极多，每个种荚里约有数十万粒。种子皮有一层透明的薄膜，中央有个圆胚，内部有个气囊，种子可随风飘向远方，或随水漂流他乡。

一些野牡丹科植物因为拥有圆锥形的花萼，能够“捕捉”到雨滴，并且借助雨滴飞溅来弹射种子。研究人员观测到，这种植物会使落到花萼里的雨滴以很高的速度弹射出去。

酷虫明天见

雨滴声渐渐变小。会讲故事的书对小豆丁说："时间不早了，今天就讲到这里吧，明天我再接着给你讲。"

"明天你会给我讲什么故事呢？"小豆丁意犹未尽。

"我准备给你讲昆虫和蜘蛛等酷虫的故事。你喜欢听吗？"

"嗯嗯，喜欢喜欢！"小豆丁有点儿兴奋，说了声"酷虫明天见"就要离开。

"回来，你还要答应我一件事。从现在开始，你要自己做到，同时也要告诉别人节约每一度电。当你离开家时，不仅要关闭电灯，还要断开电视、空调、电脑等电器的电源，因为在待机状态下它们也会耗电。"说完，故事书像鸟儿一样飞回到书架上去了。

"这是不是也和雨林有关系？"小豆丁问。

"对，没错，是和雨林有关系。"书架上传来故事书温柔的声音。

"那好吧，我记住了。"似懂非懂的小豆丁点点头，"你明天可一定要再给我讲故事哦！"

"当然，我保证！晚安，小豆丁！"

"晚安，神奇的故事书！"

接下来，神奇的故事书会给小豆丁讲什么有趣的雨林故事呢？请看下一册——《雨林怪侠》。